MICHAEL
EHLERS

KOMMUNIKATIONSREVOLUTION

SOCIAL
MEDIA

Copyright der deutschen Ausgabe 2013:
© Börsenmedien AG, Kulmbach

Gestaltung Cover: Johanna Wack, Börsenbuchverlag
Gestaltung, Satz und Herstellung: Martina Köhler, Börsenbuchverlag
Lektorat: Hildegard Brendel
Druck: CPI – Ebner & Spiegel, Ulm

ISBN 978-3-86470-089-7

Bibliografische Information der Deutschen Nationalbibliothek:
Die Deutsche Nationalbibliothek verzeichnet diese Publikation in der
Deutschen Nationalbibliografie; detaillierte bibliografische Daten
sind im Internet über <http://dnb.d-nb.de> abrufbar.

Postfach 1449 • 95305 Kulmbach
Tel: +49 9221 9051-0 • Fax: +49 9221 9051-4444
E-Mail: buecher@boersenmedien.de
www.books4success.de
http://www.facebook.com/books4success

Für meine Eltern
Klaus und Annelie Ehlers, Schwartbuck

4

5

VORWORT VON
DR. STEFAN FRÄDRICH

„Ja, spinnen die denn?!" Außer sich vor Empörung schimpfte mein Vater während des Mittagessens. „Eines sage ich euch: Da mache ich nicht mit! Nicht mit mir!" Stein des Anstoßes: Sein Arbeitgeber hatte beschlossen, dass jeder im Management einen Computer bekam – und damit aktiv zu arbeiten hatte. Mein Vater war damals 40 Jahre alt – ein Alter, in dem man die wirklich wichtigen Dinge im Leben bereits gelernt hatte. (So meinte er damals zumindest.) Veränderung? Fortbildung? Unnötig! Er hatte ein Wissensplateau erreicht, von dem aus er bequem die nächsten Jahrzehnte würde bestreiten können! Außerdem war er jobbedingt ohnehin ständig weltweit unterwegs. Wie sollte ihn da ein Computer unterstützen? Nun, kurz darauf brachte er kleinlaut seinen ersten Laptop mit nach Hause ...

Zurzeit erinnere ich mich oft an diese kleine Episode. Denn kaum ein Thema ploppt in meinen Führungsseminaren heute ähnlich häufig auf wie „Social Media". Und dann sitzen („Hallo, Papa!") gestandene Unternehmer, Führungskräfte, Vertriebler, Personaler, Selbstständige, Künstler oder Akademiker vor mir, die sich wehren wie kleine Kinder: „Nichts für uns!", „Gefährliche Entwicklung!", „Dafür ist das Marketing zuständig!" oder „Wer soll sich auch noch darum kümmern?" Sprich: Eine Horde innerer Schweinehunde verteidigt ihre Komfortzone – und konstruktive Macher mutieren zu Bremsern, Bewahrern, Bedenkenträgern.

Der Rest der Gruppe gähnt dann meist oder schüttelt peinlich berührt den Kopf. Manchmal lästert auch jemand zeitgleich bei Facebook, per Smartphone. Andere machen parallel bei XING ein wenig Business. Schließlich gilt immer noch: Time is money. „Selbst schuld, wenn manche nicht schnallen, was heute Sache ist!"

Ja, es wird viel diskutiert heutzutage: In TV-Talkshows schüren „seriöse" Professoren diffuse Ängste. Sie füttern die technisch oft immer noch unbedarfte Babyboomer-Generation mit Munition gegen eine Entwicklung, die für Jüngere so normal ist wie Zähneputzen: Das Netz ist längst ein fester Bestandteil deren Lebens. Die Welt ist vernetzt, Informationen sind frei –

na, und? Gab es tatsächlich mal Proteste gegen Volkszählungen?!

Richtig bizarr wird es dann im Job: Da versickern die Millionen der Großen in nutzlosem Marketing, während pfiffige Kleine längst zum Nulltarif Millionen erreichen – per YouTube. Da brüsten sich Unternehmen, ihre Angestellten „im Griff" zu haben, weil diese während der Arbeitszeit nicht ins Internet dürfen – und wundern sich, warum sie keine qualifizierten Leute mehr bekommen. „Vielleicht kriegt das der nächste Chef in den Griff? Der jetzige geht in drei Jahren in Rente." Da bekommen große Vertriebe kaum noch Nachwuchs, weil die Geschäftsführung einen blinden Fleck hat: „Nein, bei uns macht man Vertrieb noch richtig: von Mensch zu Mensch!" Wobei die Geschäftsführung offensichtlich noch zu lernen hat, dass es im Social Web genau darum geht: um Kontakte von Mensch zu Mensch.

Lassen Sie uns also feststellen: Es geht heute längst nicht mehr darum, ob Social Media gut ist oder schlecht. Social Media ist. Wer hingegen bald nicht mehr sein wird, sind alle diejenigen, die weiterhin wie kleine Kinder bocken und sich der Realität verschließen. Auch wenn diese Realität an Orten stattfindet, die man aktiv aufsuchen muss, um sie zu verstehen. Die Frage lautet demnach (wie so oft bei allem „Neuen"): Wie findet man in das Thema Social Media hinein? Welches Wissen schließt dazu die Türe auf und ermöglicht einen unkomplizierten und systematischen Zugang, sodass auch bisherige Laien sofort loslegen können?

Die Lösung halten Sie in Ihren Händen: Michael Ehlers ist ein einzigartiges Buch gelungen, das Sie in sämtliche relevanten

Aspekte des Themas so gekonnt einführt, als hätte es zum Ziel, Sie binnen einiger Buchseiten höchst selbst zum Social-Media-Berater zu coachen. (Wer weiß, ob Sie nicht bald einen neuen Berufsweg einschlagen?) Und dass Michael das richtig gut macht, ist jedem klar, der seine Expertise einmal erlebt hat – in einer Beratung, während eines Trainings oder bei einem seiner unvergleichlichen Vorträge. Michael Ehlers hat die Gabe, Komplexes so unterhaltsam greifbar und verständlich zu machen, dass man sich hinterher über sich selbst wundert: „Warum habe ich das nicht schon viel früher geschnallt?"

Übrigens: Jahrzehnte später bat mich mein Vater, ihm Facebook zu erklären. Mittlerweile in Rente und mit weit weniger Sozialkontakten als in seiner aktiven Zeit war ihm jede Abwechslung recht. Wir meldeten also seinen Account an. Doch bevor ich ihm erklären konnte, wie er „Freunde" findet, schlug ihm das System eine ganze Reihe möglicher Freunde vor: alles Namen seiner weltweit verstreuten jahrelangen Geschäftskontakte. Ungläubig staunend klickte er einen nach dem anderen durch: „Das ist tatsächlich der XY! Auf dessen Hochzeit war ich damals!" Oder: „Wahnsinn! Das ist der YX! Mit dem habe ich früher immer …" Und so weiter. Offenbar hatten alle zuvor bereits bei Facebook nach seinem Namen gesucht, sodass sich mein Vater nun binnen Minuten vernetzen konnte – mit „seinen Jungs und Mädels" aus Singapur, Brasilien, Südafrika. Mit Tränen in den Augen verbrachte er die nächsten Stunden vor dem Computer und dockte wieder dort an, wo ihn die Rente herausgerissen hatte: mitten in seinem Leben.

Ich wünsche auch Ihnen, dass Sie ohne Vorurteile in Ihr Leben lassen, was dort hingehört. Und ich wünsche Ihnen, dass Sie mit den Ecken und Kanten umzugehen lernen. Schließlich geht es im Kern – wie immer – nur um eines: um Menschen.

Ihr

Dr. Stefan Frädrich

MICHAEL EHLERS – SOCIAL MEDIA UND DIE DAMPFMASCHINE

Im Jahr 1765 hat James Watt die Dampfmaschine erfunden. Warum? Vor allem: Was hat das mit Social Media zu tun?

Laut des russischen Wirtschafts-Ökonoms Nikolai Kondratieff setzen sich ganz große Innovationen immer dann durch, wenn es eine Notwendigkeit gibt. In den 1760er-Jahren gab es eine Notwendigkeit in Großbritannien – nämlich die Notwendigkeit, Webstühle zur Herstellung von Textilien deutlich zu beschleunigen.

Man trat an die Erfinder der Zeit heran, unter anderem James Watt, und bat sie etwas zu bauen, das den Webstuhl schneller antreibt. Die Dampfmaschine am Webstuhl sorgte für einen Produktivitätssteigerungsfaktor von mehr als 100. Die Textilien konnten jetzt 100-mal schneller und qualitativ sogar besser hergestellt werden. Die große Not am Textilmarkt im Vereinigten Königreich war somit beendet.

Aber nicht nur die Textilindustrie nutzte diese neue Basisinnovation, auch viele andere Branchen, wie zum Beispiel der Bergbau. Wasser und Gase, die es bisher verhinderten, dass die tiefer liegenden Erze zutage gefördert werden konnten, wurden nun mithilfe der Dampfmaschine nach oben abgeleitet. Diese Basisinnovation zog die ganze Weltwirtschaft mit sich. Bis zu dem Punkt, an dem jedes Unternehmen eine Dampfmaschine besaß und sie nicht mehr für einen Produktivitätssteigerungsfaktor von 100 sorgte, sondern vielleicht nur noch von 1,2.

Sie kennen das übrigens: Erinnern Sie sich noch, als die ersten Computer im Büro Einzug hielten? Mein erster Computer war ein 486er PC mit 25Mhz und 4mb RAM. Als ich in den Computer investierte und von 4mb RAM auf 8mb hochrüstete, für damals noch einen ordentlichen Geldbetrag wohlgemerkt, hat sich etwas verändert. Der Computer wurde deutlich schneller. Vorher war es so, dass ich mit einem Doppelklick mein Textverarbeitungsprogramm startete und mir in Ruhe einen Kaffee zubereiten konnte, mit der ersten Tasse zurückkam und dann endlich anfangen konnte zu arbeiten. Nachdem ich den Arbeitsspeicher verdoppelt hatte, habe ich nach einem Doppelklick sofort loslegen können. Sie ahnen, wo die Produktivitätssteigerung liegt.

Ein noch drastischeres Beispiel: Wie haben wir eigentlich eingekauft, bevor es den Computer gab? Ich erinnere mich noch gut daran, wie meine Mutter in einem dicken Modekatalog blätterte und darin nach einer Jeans für ihren Sohn suchte. Sie riss hinten – die jungen Menschen werden so etwas gar nicht mehr kennen – eine sogenannte Postkarte, die perforiert in den Katalog eingearbeitet war, heraus, klebte eine Briefmarke darauf und schrieb die Bestellnummer der Jeans auf. Diese Postkarte landete irgendwann beim Versandhaus. Ein Sachbearbeiter nahm sich des Ganzen an, schaute im Lager nach, ob die Jeans noch da war und – oh nein! – die letzte war gerade raus. Was nun? Erst einmal versuchen, den Kunden anzurufen. In der damaligen Zeit, ohne Mobiltelefone, natürlich noch eine echte Herausforderung. Junge Menschen, die heute zur Schule gehen, können sich so etwas kaum noch vorstellen. Konnte der Kunde nicht erreicht werden, wurde er wiederum per Postkarte informiert, dass sich die Lieferung noch etwas verzögert.

Machen wir es kurz: Wieso hat die Informationstechnik im sogenannten 5. Kondratieff für weltweiten Wirtschaftsaufschwung gesorgt? Der Computer hat uns geholfen, viele Prozesse, die zeitlähmend waren, einfach klein zu machen oder gar zu vernichten. Heute bestelle ich mit meiner mobilen App am Telefon meine nächste Jeans – meine Maße sind bereits hinterlegt und auch das Bezahlsystem ist automatisiert. Bei meiner Bestellung „fliegt" ein Datenpaket von meinem

Mobiltelefon zum Anbieter. Dort wird ein weiteres Datenpaket in das Warenwirtschaftssystem geschickt, um zu prüfen, ob die Jeans vorrätig ist – und natürlich sind noch zehn da. Aber „Achtung!", sagt das Warenwirtschaftsprogramm. Wird wegen meiner Bestellung nun der Mindestlagerbestand unterschritten, so wird eine vordefinierte Neubestellung im Großhandel ausgelöst – und ein weiteres Datenpaket macht sich auf den Weg. Ein Buchhaltungsdatenpaket prüft, ob mein Konto gedeckt ist, bucht den Betrag ab, stellt die Ampel auf Grün. Die Versandapparatur, auch längst automatisiert, tut das ihre dazu. Einen Tag später ist die Ware bei mir.

Sie ahnen, wie Informationstechnologie die Computer, die Software, die Welt verändert haben. Sie haben die Wirtschaft produktiver gemacht und für eine lange Aufschwungphase gesorgt. Im Buch „Die Geschichte der Zukunft", von dem von mir hoch geschätzten Autor Erik Händeler, können Sie das noch viel diffiziler und genauer nachlesen. In seinem Buch beschreibt der Autor auch, dass die Aufschwungphase der Informationstechnik vorbei ist. Er benennt das Jahr 2002 als Beginn einer langen Wirtschafts-Abschwungphase. Interessant – insbesondere deshalb, da er dieses Buch Ende der Neunziger Jahre schrieb. Das, was wir heute unter dem Begriff „Finanzkrise" in der Welt erleben, finden Sie als Voraussage in seinem Buch bereits genau beschrieben. Wenn das Zeitalter der Informationstechnik und der strukturierten Information also vorbei ist, bleibt die Frage: Was ist der nächste Schritt, der uns noch produktiver macht?

Meine Antwort: Social Media.

Das Zeitalter des 5. Kondratieff, das uns die Informations-technik und strukturierte Information schenkte, lieferte uns noch etwas anderes. Eine riesige Sammlung an Daten. Das Wissen der Menschheit liegt längst abgespeichert auf den Servern dieser Welt. Aber wie komme ich an die für mich gerade jetzt relevante Information? Auch Suchmaschinen-Technologie hat natürlich ihre Grenzen. Die Qualität der Fragen, das ist wie im Verkauf, bestimmt über die Qualität der Antworten. Warum kann Social Media dieses Problem lösen? Ganz deutlich und erlebbar wird so etwas bei großen Sport-events wie der Olympiade oder zum Beispiel dem jährlich stattfindenden Eurovision Song Contest. Gehen Sie hier ein-mal alleine auf ein soziales Netzwerk namens Twitter.

Bei Twitter kommunizieren die Menschen mit gerade ein-mal 140 Zeichen miteinander. Das Spannende daran habe ich erstmals beim Eurovision Song Contest erlebt, den unsere Lena gewonnen hat. Das große Event in Oslo startete und ich begann, unter dem Hashtag #esc für Eurovision Song Con-test, Twitter nach Beiträgen zu diesem Großevent auszulesen. Es ist sehr amüsant, Fernsehen zu schauen und dabei gleich-zeitig zu lesen, was andere Menschen in ganz Europa über die Künstler schreiben. Eine Gruppe junger Studenten hatte dabei die Idee, die Beiträge gleich einer sogenannten Senti-ment-Analyse zu unterziehen. Das bedeutet, sie haben die Beiträge danach analysiert, wie viel positive Resonanz es zu einem Lied gibt, wie viele neutrale und wie viele negative. Noch während der letzte Song des Eurovision Song Contests in Oslo lief, haben sie eine Rangfolge der Künstler veröffentlicht.

21

Diese Rangfolge war 1:1 identisch mit dem tatsächlichen Ergebnis des Contests.

Was können wir daraus lernen? Mit den richtigen Instrumenten zum Monitoring des Systems ist es heute möglich, in Echtzeit Marktforschung zu betreiben und relevante Informationen sicht- und nutzbar zu machen. Ferner gibt es semantische Technologien im sogenannten Data-Mining, die nach intelligenten Suchalgorithmen relevante Datenbanken auslesen, um der einzelnen Abteilung in einem Konzern die gesuchte Information zu liefern. All das hilft uns, aus unstrukturierten Daten im Netz wieder strukturierte und damit nutzbare Informationen zu machen. Das ist die große Chance für die Wirtschaft weltweit.

In diesem Buch beschäftigen wir uns im Schwerpunkt mit dem Thema Social Media. Das heißt: Wie können Sie diese Technologien für sich nutzen, um in den Bereichen Vertrieb, Unternehmenskommunikation, PR oder Marketing die Kommunikation zu Ihren Kunden noch effektiver zu gestalten? Das schafft Kundenbindung und letztendlich auch Umsatz.

Es war einmal …
Die Geschichte des sozialen Netzwerks

„Online gehen" – das ist für uns heute so natürlich wie der Gang zur Arbeit, zum Einkaufen oder, wenn auch weniger erfreulich, der Gang zum Zahnarzt. Die 50-Millionen-Marke der Menschen, die allein in Deutschland online gehen, wurde erstmals im Juli 2011 geknackt. Diese tauschen sich mit ihren Mitmenschen über Internetplattformen aus und knüpfen

Kontakte zu späteren Arbeitgebern über soziale Netzwerke – aber das war nicht immer so. Es nahm seinen Anfang mit der E-Mail. Die erste elektronische Nachricht, die erfolgreich den Weg von einem Computer zum nächsten auf sich genommen hat, wurde Ende 1971 vom US-Informatiker Ray Tomlinson verschickt. Der erste Schritt zur elektronischen Kommunikation war also getan und wurde von den Menschen auch dankend angenommen. Im Mai 2011 geht man von 3,1 Milliarden Menschen weltweit aus, die einen E-Mail-Account besitzen. Bis Ende 2015 sollen es sogar fast 4,1 Milliarden werden. Kommunikation findet heutzutage aber nicht mehr nur via E-Mail statt. Heute tritt man außerdem über soziale Netzwerke wie Twitter, Facebook, XING und viele andere in Kontakt. Das Ganze nennt sich Social Media. Die Internetplattformen boomen wie nie zuvor. Über 25 Millionen Nutzer konnte Facebook im März 2013 verbuchen.

INTERVIEW
Wie Social Media den Vertrieb verändert

Agieren statt reagieren: Die Zukunft des Vertriebs in Zeiten von Social Media

Jedes Unternehmen kann Social Media für sich nutzen. Dabei ist es egal, ob diverse Netzwerke in einem Weltkonzern systematisch genutzt werden oder ob ein Kleinbetrieb seine Stammkunden pflegt. Vertriebs-Experts [1] sprach mit Michael Ehlers über die Auswirkungen von Social Media auf den Vertrieb und darüber, wie die Zukunft damit aussieht.

1 Vertriebs-Experts ist ein monatlicher Beratungsbrief

Vertriebs-Experts: Herr Ehlers, Sie haben in einer Serie die Social-Media-Revolution thematisiert. Kann man wirklich schon von einer Revolution sprechen oder ist Social Media eher ein Experiment?

Michael Ehlers: Von einem Experiment kann schon lange keine Rede mehr sein. Ursache dafür sind vor allem die modernen Handys. iPhone, Android & Co. haben die sozialen Netzwerke mobilgemacht. Da steht schon einmal ein Kunde im Handel, regt sich zu Recht über einen Verkäufer oder einen zu hohen Preis auf und Sekunden später ist die ganze Szene im Web 2.0 gelandet und erlebt einen viralen Effekt, der einer Grippe-Epidemie ähnelt – jetzt „Gesundheit!" zu sagen, hilft aber wenig. Viele Unternehmen erfahren erst dann von negativen Kundenerfahrungen, wenn es zu spät ist und der Ruf bereits ordentlich geschädigt. Die Revolution haben wir bereits hinter uns. Derzeit finden zwar weiterhin revolutionäre Veränderungen statt – Stichwort „Semantisches Web" – allerdings basieren auch diese auf dem Prinzip „Mitmach-Internet: Web 2.0". Aus meiner Sicht der größte demokratische Prozess der Welt. Mitmachen kann aber nur, wer die neue Demokratie versteht.

Vertriebs-Experts: Unternehmen, die bisher keine Social-Media-Aktivitäten entwickelt haben, stehen ja fast schon im Ruf, sich selbst zu ruinieren. Aber was bringt dem Vertrieb ganz konkret die Teilnahme in sozialen Netzwerken?

24

Michael Ehlers: *Wetten, dass es auch in zehn Jahren noch Unternehmen geben wird, die sich nicht aktiv an Social Media beteiligen? Ich wette aber auch, dass sich Unternehmen im Endkunden- und Business-to-Bussiness-Bereich nicht mehr verschließen dürfen, wenn sie keinen Schaden erleiden möchten. In Zeiten des harten Wettbewerbs ist Wissen um Trends und Kundenstimmung wettbewerbsentscheidend. Wer rechtzeitig sein Dialogmarketing um Social Media erweitert und die richtigen Systeme zum Auslesen des Internets in Bezug auf eigene Marken und Produkte (Monitoring) schafft, wird auch rechtzeitig von Stimmungen um seine Produkte/Dienstleistungen erfahren und kann agieren, statt nur zu reagieren.*

Vertriebs-Experts: *Gibt es Beispiele, in denen Social-Media-Aktivitäten den Absatz beschleunigen?*

Michael Ehlers: *Zahlreiche. Sportschuh-Hersteller Nike hat bereits seit Jahren die größte Lauf-Community; sie ist komplett in die sozialen Netzwerke eingebunden und nutzt diese sehr clever. Basierend auf der Zusammenarbeit mit Apple kann der Läufer nicht nur sein Training dokumentieren, sondern sich auch von seinen Fans während des Lauftrainings anfeuern lassen.*
Dell hat bereits 2010 über 500.000 Dollar an PCs über seine 38 Twitter-Kanäle abgesetzt und bindet die Kunden bei der Ideengewinnung für neue System-Konfigurationen mit ein. Selbst kleine Unternehmen wie das Bamberger

Top-Restaurant „Hoffmanns Steak & Fisch" haben mit ihren Aktionen auf Facebook zahlreiche neue Stammkunden gewonnen. Dazu halfen schon einfache Bilderrätsel, z.B. Zutaten zu erraten. Jeden Sonntag wartete bereits eine kleine Fangemeinde, um ein Gratis-Mittagessen zu erhaschen. Sie sehen also: Vom Weltkonzern bis zum Kleinbetrieb gibt es zahlreiche Beispiele, wie Social Media für sich genutzt werden kann. Auf meiner Internetseite www.Internet-Rhetorik.de und ihrem integrierten Facebook-Blog kann der Leser immer wieder neue Beispiele, Zahlen, Daten und Fakten erfahren.

Vertriebs-Experts: Ein Blick auf die Vertriebsorganisation: Weiß der Außendienstmitarbeiter künftig schon am Schreibtisch alles über seinen Kunden und fährt dann nur noch los, um die Unterschrift abzuholen und um kurz die zwischenmenschliche Beziehung zu pflegen?

Michael Ehlers: Zwischenmenschliche Beziehungen basieren nach wie vor auf Vertrauen und Wertschätzung. Was ist eigentlich das Geheimnis, warum die sozialen Netzwerke sich derart durchsetzen? Sie schaffen Annäherungen zwischen den Menschen, aber auch zwischen Marken, Dienstleistungen, Produkten und den Kunden. Annäherung zuzulassen ist die Grundlage für Vertrauen – da schließt sich der Kreis.

Komplexe, erklärungsbedürftige Produkte/Dienstleistungen brauchen auch zukünftig den Verkäufer. Der Vertrieb, der die sozialen Netzwerke in sein CRM-System (Customer Relationship Management) integriert hat oder bei dem der einzelne Verkäufer es versteht, durch ein entsprechendes Auslesen des Internets (Monitoring) Informationen über seinen Kunden, dessen Herausforderungen und Markttrends für sich nutzbar zu machen, wird auch in Zukunft die berühmte Nasenspitze voraus sein. Kurz: **Social Media ersetzt keine Verkäufer. Top-Verkäufer lassen es für sich arbeiten!**

Vertriebs-Experts: Welche Aufgaben kommen auf den Vertrieb in Zeiten des Web 2.0 zu?

Michael Ehlers: Die Anforderungen an die CRM-Systeme werden sich verändern. Derzeit wird wie verrückt an Monitoring-Systemen für den Vertrieb oder den einzelnen Verkaufsmitarbeiter gearbeitet, auch in meinem Institut. Die Vertriebsverantwortlichen brauchen heute bereits eine funktionierende, praktische Strategie, wie sie in Zusammenarbeit mit dem Marketing die Entwicklungen in den sozialen Netzwerken für sich nutzbar machen.

Vertriebs-Experts: Wo liegen die Gefahren? Kann die Konzentration auf die Social-Media-Gemeinde dazu führen, andere Zielgruppen zu vernachlässigen? Kann man davon ausgehen, dass die Anregungen und Kritiken im Web 2.0 repräsentativ sind?

27

Michael Ehlers: *Die Gefahren bestehen heute haupt-sächlich darin, dass Unternehmen und Verantwortliche zu unreflektiert mit dem Thema umgehen. Das gilt so-wohl für „Fan-Verhalten" von Menschen, die alles rund um die sozialen Netzwerke durch die rosarote Brille sehen, als auch für Menschen, die es einfach aus Prinzip ableh-nen, nur oder gerade, weil sie es nicht verstehen.*
Die Aktivitäten in den Social-Media-Tools (in Zukunft eher mehr und noch intelligentere Systeme), werden bald auch Rückmeldungen über die Validität, also die Rele-vanz der Daten, geben können. In der Praxis bedeutet das: Wo früher noch unglaublich viel Geld für Markt-forschung ausgegeben wurde, wird in Zukunft ein Klick reichen, um herauszufinden, was der Kunde will.

Vertriebs-Experts: *Jack Wolfskin und andere bekannte Unternehmen haben die Macht des Social Web schon zu spüren bekommen. Wie sieht das mit einem eher unbe-kannten mittelständischen Unternehmen aus, in welcher Form muss das Unternehmen seine „Fans" befriedigen?*

Michael Ehlers: *Authentischer, ehrlicher Dialog ist das A und O, Ignoranz kann tödlich sein. Gerade Nestlé hat 2010 durch die Greenpeace-Kampagne gegen das Pro-dukt KitKat viel gelernt. Ein Mittelständler muss keine Panik bekommen. Beratung von einem erfahrenen Social-Media-Praktiker ist jedoch jetzt Gold wert. Viele Unternehmen haben Experten in ihren eigenen Reihen;*

sie haben nur keine Werkzeuge, diese zu identifizieren.
Mithilfe dieser Mitarbeiter und einer ausgeklügelten
Strategie kann das Unternehmen dann das Internet für
sich arbeiten lassen.

MIT GEZWITSCHER ZUM ERFOLG

Mit Einzug des Web 2.0 hat sich die öffentliche Kommunikation grundlegend verändert – eines der einfachsten und effektivsten Werkzeuge der Kommunikation ist Twitter.

Bevor Menschen angefangen haben, sich mit 140 Zeichen auszutauschen, war die Kommunikation recht einfach: Es gab einen Sender, der vielen Zuhörern eine Botschaft mitteilte.

Medien wie Zeitungen, TV und Radio, aber auch Unternehmen hatten eine bequeme Monopolstellung, da sich die Mitgestaltungsmöglichkeiten der Zuschauer, Hörer und Leser auf Leserbriefe und Musikwünsche beschränkten. Die wiederum der Zensur der Medien unterlagen. Mit Einzug des sogenannten Web 2.0 hat sich die öffentliche Kommunikation grundlegend verändert.

Heute gilt das Empfänger-Prinzip: Jeder kann seine Meinung in unendlich vielen Communitys und (Micro)Blogs kundtun. Auch Einzelmeinungen können schnell die öffentliche Wahrnehmung verändern, wenn sie im Netz auf Resonanz stoßen. Nicht nur Medien, auch Unternehmen, die sich viel Mühe gegeben haben, eine One-Voice-Policy über die Vorstandsebene und die Kommunikationsabteilung für ihr Unternehmen und ihre Marke zu pflegen, müssen jetzt umdenken. Neue Kommunikationskanäle müssen erschlossen und neue Formen für den Kundendialog entwickelt werden. In der modernen Produktpalette der Kommunikation ist Twitter dabei eines der einfachsten Instrumente der Social Media.

Informationsvorteile

Die Menschen dürsten nach neuen Informationen – erscheint eine neue Nachricht, können wir nicht anders, als sie zu lesen. Neue Informationen stufen wir sofort als lebenswichtig ein, egal ob es nur die Mitteilung eines Freundes ist („Hol mir jetzt 'nen Kaffee!") oder eine brisante Nachricht („Da ist ein Flugzeug im Hudson River. Verrückt!"). In der Steinzeit war der Austausch von Informationen überlebensnotwendig und weil wir diesen natürlichen Reflex auch heute noch besitzen, ist Twitter so erfolgreich.

Wenn wir Teil der Twittergemeinde sind, erhalten wir im Sekundentakt neue Informationen, die unsere Aufmerksamkeit bannen und uns einen Informationsvorsprung verschaffen. Twitter ist aber nicht nur ein RSS-Feed und Nachrichtenticker, sondern gleichzeitig auch soziales Netzwerk, digitales Tagebuch und Microblog. Unternehmen bietet es eine Plattform, auf der sie mit ihren Kunden kommunizieren können. Deshalb ist Twitter auch besonders für Branchen geeignet, in denen intensiver Kundenkontakt und Kundenbindung zu den wichtigsten Erfolgsfaktoren gehören: Dort erhalten sie wertvolle und ehrliche Informationen über die eigenen Produkte und Dienstleistungen. Angebote und Veranstaltungen können über Tweets angekündigt, neue Blogs veröffentlicht und Leser auf dem neuesten Stand gehalten werden.

Social Media: Erfolgsfaktor und Schreckgespenst

Nur wer sich noch nicht mit Twitter beschäftigt hat, wird behaupten, dass es sich dabei um ein nutzloses Instrument handelt, mit dem nur Belanglosigkeiten ausgetauscht werden. Längst haben auch Unternehmen den Microblog und andere soziale Netzwerke für sich entdeckt. Teilweise verdanken die Unternehmen gerade diesem einen großen Teil ihres geschäftlichen Erfolgs, wie beispielsweise der Müslimacher Mymuesli.

Speziell junge Unternehmen und Onlinefirmen sind aktive User von Twitter und Co., da sie die Vorteile des Social Web zu schätzen wissen. Nie war es leichter, in direkten Kontakt zu

Kunden zu treten; hier tauschen sie sich mit ihnen aus, stimmen Vorlieben und Trends ab.

Statt die Kritik im Netz zu ignorieren, nehmen aktive Unternehmen alle Informationen von ihren Netzwerken begierig auf, um ihre Produkte noch kundenfreundlicher zu gestalten – dort fallen letztendlich nämlich die Kaufentscheidungen. Zum einen sind die heutigen Kunden dank Internet besser über die Produkte informiert, zum anderen sind die User untereinander besser vernetzt. Sie bewerten oder kommentieren Produkte und teilen diese Informationen in ihren Communitys, die dann bei anderen Netzwerkpartnern zu Kaufentscheidungen führen. Auch eine Untersuchung des Marktforschungsunternehmens Allensbach hat nachgewiesen: Für die Hälfte der regelmäßigen Onlinekäufer sind die Bewertungen und Kommentare anderer Internetnutzer wichtig für die Kaufentscheidung. Fast 68 Prozent haben ein Produkt wegen eines negativen Kommentars nicht gekauft.

Alteingesessene und traditionelle Unternehmen zögern bisher jedoch, sich der Social Media zu bedienen, zu groß ist die Furcht vor der unbekannten Welt, zu groß die Angst um die eigene Marke und vor dem Kontrollverlust. Dabei ist das Gegenteil der Fall: Wer sich den neuen Kommunikationskanälen verschließt, hat die Kontrolle bereits verloren. Unternehmerischer Erfolg steht in direktem Zusammenhang mit der Anpassungsfähigkeit an die (digitale) Umwelt und die Menschen, die sich darin bewegen. Mit dem Einzug der sozialen Medien müssen wir uns von der Vorstellung verabschieden, dass die Markenmacht allein bei den Unternehmen liegt. Die Kontrolle erlangen wir wieder, wenn wir die digitale Welt aktiv mitgestalten und die Vorteile des sozialen Internets als neuen Vertriebs- und Kommunikationsweg nutzen. Wer Marketing und PR betreibt, kommt um die neuen Medien sowieso nicht mehr herum. Unternehmen geraten immer stärker unter Druck, Trends und Themen frühzeitig zu erkennen, um ihre Werbe- und Kommunikationsstrategie entsprechend anzupassen.

Viele Unternehmen versenden Newsletter ganz selbstverständlich digital – wieso dann nicht mit einem Tweet die Neuigkeiten einer breiten Masse anbieten und so die Verbreitungs- und Kommunikationskanäle erweitern? Denn wer eine Presse- und Kommunikationsabteilung hat, hat grundsätzlich auch genug Stoff, um zu Twittern. Auch Rainer Hillebrand, stellvertretender Vorstandsvorsitzender der Otto Group, hat den Wandel, den das Internet vollzieht, erkannt: In der ersten Phase hätten die Unternehmen gelernt, das Internet wie ein weiteres Massenmedium zu nutzen. Inzwischen sei das Internet ein massenhaft genutztes Individualmedium, erklärt er in einem Interview.

Wenn ein Shitstorm das Konzern-Image zerstört

Die Macht im Netz: Internetnutzer können mit abfälligen Kommentaren einem Produkt den Erfolg vermasseln oder mit Empfehlungen den Verkauf fördern.

35

Es sind nur wenige Worte, die das Unternehmen eines frühen Morgens ins PR-Desaster stürzen. Nachdem auf der Facebook-Seite des mittlerweile insolventen Stromanbieters Teldafax Kunden über schlechten Service geklagt haben, schreibt der Angestellte genervt: „Leute, die Seite ist echt nicht der geeignete Platz für Beschwerden und Kundenanliegen."

Noch am Morgen braut sich zusammen, was die Internetgemeinde „Shitstorm" nennt: ein Sturm der Empörung, der das Image eines Konzerns innerhalb weniger Stunden zerstören kann. Teldafax wird durchgewirbelt – die Netzgemeinde ist erbost darüber, dass das Unternehmen eine Facebook-Seite unterhält, dort aber nicht mit seinen Kunden reden will. Tausende Internetnutzer hinterlassen in Foren und Sozialen Netzwerken zornige Kommentare.

Derartige Bewertungen entscheiden viel stärker über das Ansehen eines Unternehmens und den Erfolg eines Produkts als bislang gedacht. Mehr als 80 Prozent der Internetnutzer lassen sich in ihren Kaufentscheidungen vor allem von einem beeinflussen: den Kommentaren anderer. Viel mehr als der Werbung vertraut der Kunde dem Kunden.

Zu diesem Ergebnis kommt eine Studie von Ralf Schengber, Marketingprofessor der Fachhochschule Münster. „Die Machtverhältnisse zwischen Handel und Käufern *werden zugunsten Letzterer umgekehrt"*, *sagt Schengber, der viele große Unternehmen in Sachen Social Media berät. Für seine Erhebung hatte der Kommunikationsexperte rund 1.300 Internetnutzer befragt.*

Im Netz kann jeder zum Multiplikator werden und rasch ein Massenpublikum erreichen. Kunden können mit abfälligen Kommentaren einem Produkt den Erfolg vermasseln oder mit wohlwollenden Kritiken den Verkauf befördern. Sie kommunizieren direkt miteinander, ohne den Händler. Online-Bewertungen werden so zum Druckmittel. Geschrieben innerhalb von Minuten, hundertfach weiterverbreitet, tausendfach gelesen. Mund-zu-Mund-Propaganda, die um den Planeten geht.

Bislang unterschätzt die deutsche Wirtschaft dieses System. Das legen Resultate einer Studie des Marktforschungsinstituts Allensbach im Auftrag des indischen Dienstleistungsunternehmens Infosys nahe.

„Unternehmen tun sich in den sozialen Netzwerken schwer, weil die Spielregeln dort andere sind", *sagt Franz-Josef Schürmann, der Deutschland-Chef von Infosys. Allein schon die Sprache sei ungewohnt. „Ein kleiner Fehler in der Kommunikation kann heute katastrophale Folgen für die Reputation eines Unternehmens haben"*, *sagt der Experte. Der Fall des Stromanbieters Teldafax beweist das auch.*

Angst vor Facebook, Twitter oder Xing sollten die Firmen aber nicht haben, sagt Social-Media-Fachmann Schengber. Eher sollten Unternehmen die Seiten als Chance begreifen: „Soziale Netzwerke bieten die Möglichkeit, direkt mit dem Kunden in Kontakt zu treten."

Dabei sei es wichtig zu zeigen, dass man Anregungen ernst nehme und Kritik nicht leichtfertig abtue. *Langfristig würden es die Kunden honorieren, wenn das Unternehmen selbst noch im Sturm der Kritik souverän reagiere. Firmen rät Schengber, eigene Plattformen zu schaffen, auf denen Kunden untereinander und mit Angestellten ins Gespräch kommen können.*

Kundenrezensionen, Twitter-Nachrichten und Facebook-Kommentare eignen sich allerdings nicht nur bestens für die Bewertung von Handys und Hotels – sie taugen sogar für Kampagnen gegen Weltkonzerne.

Das zeigt Anfang 2010 eine Affäre um den Lebensmittelhersteller Nestlé. Die Umweltorganisation Greenpeace hatte ein Video ins Netz geladen, das den Zuschauern gründlich den Appetit verdirbt: Ein Mann wickelt ein Kitkat aus der Verpackung – doch hinter der rot-weißen Folie kommt nicht ein Schokoriegel zum Vorschein, sondern der Finger eines Orang-Utans.

Greenpeace kritisiert mit dem Video, dass Nestlé für sein Kitkat Palmöl nutzt. Palmöl, für dessen Gewinnung Urwald in Indonesien niedergeholzt wird, einer der letzten Lebensräume von Orang-Utans. In kürzester Zeit geht das Video um die Welt.

Im Sog des Shitstorm begeht Nestlé dann auch noch einen entscheidenden Fehler: Der Konzern lässt den Greenpeace-Spot von der Videoseite YouTube verbannen und missliebige Facebook-Kommentare löschen.

Die Internetnutzer geraten jetzt erst recht in Rage – und stellen die Sequenz auf so viele verschiedene Seiten, dass an ein Verbot gar nicht mehr zu denken ist. Schließlich kündigt Nestlé die Verträge mit dem umstrittenen Palmöl-Lieferanten. Seither ist klar: Der Druck der Netzgemeinde kann Firmen zum Handeln zwingen. Auch richtig große.

Twitternde Kollegen

Twitter ist nicht nur für die externe Kommunikation sinnvoll, sondern auch für die interne Verständigung. Denn auch hier gilt: Das einseitige und hierarchische Sender-Empfänger-Prinzip ist Schnee von gestern. Die Unternehmensführung muss sich bewusst werden, dass alle Mitarbeiter Kommunikatoren sind, die sich in ihrem Privatleben über viele Kanäle austauschen. Dieses Mitteilungsbedürfnis der Mitarbeiter kann für die Unternehmenskommunikation genutzt werden. Für Unternehmen, die noch keine Erfahrung mit diesem Instrument haben, kann der firmeninterne Microblog sogar hilfreich sein, um sich und seine Mitarbeiter mit dem Tool vertraut zu machen. Amerikanische Unternehmen setzen schon länger auf interne Blogs, um das Know-how der Mitarbeiter für den Erfolg des Unternehmens noch effektiver zu nutzen. Die Kollegen können sich darüber schnell und unkompliziert zu einem Thema austauschen und sich gegenseitig bei der Behandlung von akuten Problemen helfen. Gleichzeitig arbeiten sie automatisch vernetzt.

Wichtig ist, den Mitarbeitern die richtige Umgangsweise mit den neuen Medien zu vermitteln. In einigen Schulen steht die Einführung der Schülerinnen und Schüler in soziale Netzwerke bereits auf dem Stundenplan. Das Gleiche halte ich für Mitarbeiter, die sensible Firmendaten und Informationen besitzen, für sinnvoll. Nur wer das Tool versteht und weiß, was er im Zweifelsfall mit einem unbedacht abgesetzten Tweet anrichten kann und welche Reichweite solche Nachrichten haben, bekommt auch das Gespür für das richtige Verhalten im Social Web. Dazu könnte für die Mitarbeiter zunächst ein interner Twitter-Account mit einem eingeschränkten Leserkreis angelegt werden. So können sich die Mitarbeiter langsam an das Instrument herantasten. Klare Regeln über Art, Inhalt und Verantwortlichkeiten sorgen bei Mitarbeitern und Verantwortlichen für Sicherheit und stellen die One-Voice-Policy sicher.

Alle Möglichkeiten ausschöpfen

Als Jack Dorsey die Idee für Twitter hatte, ging es ihm tatsächlich um die Frage „Was machst du gerade?". Heute beschränkt sich die Kommunikation über Tweets längst nicht auf die berühmten 140 Zeichen. Sie werden immer öfter genutzt, um einen Link oder breitere Informationen anzumelden. Der Tweet fungiert nur als Appetithäppchen und als Weiche zu anderen Medien wie die eigene Homepage, den Newsletter, den Newsfeed, den eigenen Blog oder das Profil in einem sozialen Netzwerk. Die Vernetzung mit Social-Community-Plattformen wie Xing oder LinkedIn bietet darüber hinaus die Möglichkeit, Kunden- oder Geschäftskontakte auszubauen, sich zu vernetzen und auszutauschen.

Ist ein Unternehmen noch unerfahren auf dem Gebiet der Social Media, ist der Einstieg in eines der Instrumente der einfachste Schritt, um sich mit der Funktionsweise der neuen Medien vertraut zu machen. Nach und nach sollten Sie sich jedoch auch mit den anderen Instrumenten vertraut machen, um alle Kommunikationskanäle zu nutzen und die sozialen Medien in die Marketing- und Kommunikationsstrategie des Unternehmens einzubinden. Nach einer Studie der Universität Oldenburg nutzen bisher nur fünf Prozent der Unternehmen zugleich Twitter, Facebook, YouTube und Unternehmensblogs. Eine umfassende Strategie für das Agieren in den sozialen Medien ist die Ausnahme.

41

Große Wirkung mit wenig Aufwand

Mittlerweile gibt es Hilfshomepages wie Spread.ly, auf die man seine Statusmeldung oder seinen Newsticker stellt. Diese Informationen werden dann automatisch und gezielt in alle Himmelsrichtungen gestreut. Die Infos müssen natürlich entsprechend aufgearbeitet sein, damit sie für mehrere Kanäle geeignet sind. Wichtig ist die Verlinkung aller Tools auch deshalb, weil Sie so sicher sein können, dass die Nutzer unterschiedlicher Kanäle mit Ihren Informationen bedient werden. Denn so wie nicht jeder die gleiche Zeitung liest oder den gleichen Radiosender hört, nutzt auch nicht jeder das gleiche Internetportal.

KAPITEL 3

EIGENSCHAFTEN EINES ERFOLGREICHEN TWITTER-ACCOUNTS

Haben Sie sich für die Nutzung von Twitter entschlossen, sollten Sie sich mit der Technologie beschäftigen. Tipps, wie Sie Ihre Twitter-Aktivitäten optimieren können.

Im letzten Kapitel habe ich Ihnen die Vorzüge von Microblogging-Diensten wie Twitter dargelegt. Ich hoffe, ich konnte Sie davon überzeugen, Twitter als Kommunikationskanal und Instrument zur Kundenbindung zu nutzen. Nun sollten Sie sich intensiv mit der Technologie beschäftigen – deshalb hier ein paar Richtlinien, wie Sie Ihren Twitter-Kanal optimal gestalten.

Corporate Design

Was für den gekonnten Internetauftritt via Homepage gilt, gilt auch für den Auftritt auf der Bühne im Social Web. Professionell wirkt der Auftritt, wenn Sie Ihren Twitter Account dem Corporate Design anpassen. Als Bild, das neben jedem Tweet erscheint, ist das Firmen-Logo am besten geeignet. Vorausgesetzt, es ist in der Größe gut erkennbar. Durch das einheitliche Erscheinungsbild tritt sofort ein Wiedererkennungseffekt bei Ihrem Follower ein und er erkennt auf den ersten Blick, welchem Unternehmen er auf Twitter folgt.

Trendbarometer Twitter

Wenn Sie mit Twitter und dem Social Web noch nicht besonders vertraut sind, dann sollten Sie sich zunächst auf eine Beobachtungsposition setzen und Twitter als Suchmaschine nutzen. Verfolgen Sie die Diskussionen, die über Ihr Unternehmen oder Ihre Branche geführt werden. Lassen Sie sich nicht zu schnell dazu hinreißen, sich in einen Meinungsaustausch, der Ihr Unternehmen oder Ihre Branche betrifft, einzuklinken. Ein unbedachter und im Affekt abgesetzter Tweet kann schnell das Gegenteil von dem bewirken, was Sie intendiert haben. Schlucken Sie Ihren Ärger über einen mehr oder weniger qualifizierten Kommentar lieber herunter, und nutzen Sie die Einblicke in die Kundenmeinung besser als Gedankenanstoß. Über Twitter wird Kritik an Ihren Produkten oder Dienstleistungen gut sichtbar. Diese Einblicke können hilfreich sein, um Ihre Angebote oder Ihre Öffentlichkeitsarbeit zu optimieren.

Daneben ist Twitter auch ein guter Indikator dafür, welche Themen gerade in aller Munde sind. Durch die Trendliste am Seitenrand können Sie ablesen, welche Fragen die Twitter-Gemeinschaft gerade am meisten beschäftigen. Vielleicht können Sie dazu mit einer Nachricht aus Ihrem Unternehmen einen wertvollen Beitrag leisten und schon werden Sie als interessanter Teilnehmer der Twitter-Gemeinschaft bemerkt.

Actio gleich Reactio

Beachten Sie: Mit jedem abgesetzten Tweet provozieren Sie unmittelbares Feedback, auf das Sie antworten müssen. Denn, wenn Sie als ernsthafter und glaubwürdiger User akzeptiert werden wollen, dann sollten Sie Twitter vor allem dazu nutzen, so direkt wie möglich mit Ihren Followern zu kommunizieren. Das heißt: Nutzen Sie den unkomplizierten Weg, um sich mit Ihren Kunden auszutauschen. So schaffen Sie persönliche Bindung zum Kunden! Generell ist es sinnvoll, Menschen, die über Ihre Produkte, Themengebiete und Branchen tweeten, zu folgen. Denn sie gehören mit großer Wahrscheinlichkeit zu Ihrer Ziel- und Interessensgruppe. Vor allem erreichen Sie über Twitter aber eine besonders zukunftsträchtige Zielgruppe: die sogenannten Digital Natives (alle um die 1980 und später Geborenen), ein Personenkreis, für den Social Media längst fester Bestandteil im Alltag ist.

47

Klasse statt Masse

Einerseits beeinflussen viele Tweets die Resonanz unter den Webnutzern positiv, so jedenfalls das Ergebnis einer durchgeführten Umfrage von Dan Zarrella. Gleichzeitig verlieren Unternehmen, die Twitter ständig nutzen, um Werbung zu platzieren und sich selbst darzustellen, schnell ihre Anhänger. Auch die Platzierung von Angeboten im Social Web hat nur begrenzte Wirkung. Bei der Auswahl der Informationen, die über Twitter verbreitet werden, sollten Sie eine intelligente Strategie wählen. Statt Coupons über Twitter zu senden oder einen Corporate Channel in YouTube und Facebook zu setzen, heißt das wichtigste Credo: Mehrwert schaffen! So stellen Sie nachhaltige Kundenbindung her. Richten Sie sich danach, was auch für jede gute Pressemitteilung gilt: Wenn Sie etwas Besonderes zu erzählen haben oder es besonders viele angeht, dann wird ihre Message gerne von Multiplikatoren übernommen. Über die Option, einen Tweet zu retweeten, werden Ihre Botschaften über Ihren Followerkreis hinaus bekannt. So verteilen sich Nachrichten, Links und Videos in wenigen Minuten viral über Twitter. Selbst sehr wenige Aktivitäten können infolgedessen zu einem überwältigenden Echo führen.

Eine starke oder kultige Marke, ein interessantes Produkt, aber auch exklusive Informationen und ein authentischer Kommunikationsstil sind Faktoren, die den Erfolg durch die Nutzung des Microblogs verstärken.

Gut Ding will Weile haben

Wichtig sind Durchhaltevermögen und regelmäßige Einträge, denn lange Abwesenheit erzeugt eine schlechte Außenwirkung. Das Mitmischen bei Social Media zahlt sich in der Regel jedoch aus. Je länger Unternehmen dabei sind, desto besser sind sie vernetzt. Sie wissen ja, ein großes Netzwerk ist unbezahlbar.

Social Media gewinnt für Technologie-Unternehmen an Bedeutung – Eurocom Worldwide Umfrage

London / München (ots) – Social Media nimmt in der Kommunikation eine zunehmend wichtige Rolle ein: Laut einer Umfrage des PR Netzwerkes Eurocom Worldwide haben 2011 38 Prozent der Unternehmen angegeben, dass sie ihre Budgets für Social Media um 38 Prozent erhöhen wollten. Aber auch die wachsende Präsenz von Unternehmen mit eigenen Profilen auf Facebook (51 Prozent) spiegelt die gestiegene Bedeutung wider. Eurocom Worldwide hat über 650 Führungskräfte in Technologie-Unternehmen nach ihrer Einschätzung zu Themen wie soziale Netzwerke, Unternehmensblogs, Recruitment im Social Web sowie zum Einsatz und zur Bedeutung von Social Media befragt. Trotz des Bedeutungszuwachses sehen 54 Prozent der Unternehmen klassische Public Relations nach wie vor als die effizienteste

Kommunikationsdisziplin an – vor Internet Marketing (50 Prozent) und Social Media (35 Prozent).

Social Media ist im Kommen

Das am häufigsten genutzte soziale Netzwerk ist sowohl bei Unternehmen (51 Prozent) als auch bei den Befragten selbst (74 Prozent) Facebook. Im Vorjahr hatten nur 34,7 Prozent der Unternehmen ein eigenes Facebook-Profil. Auf Twitter sind darüber hinaus 46 Prozent der Unternehmen mit einem eigenen Account aktiv, gefolgt von LinkedIn (43 Prozent) und YouTube mit 36 Prozent. Durch die zunehmend gemischte Nutzung der Social-Media-Kanäle – privat und geschäftlich – wird das Web 2.0 auch für Personaler immer interessanter. Bereits 38 Prozent der Technologie-Unternehmen sehen sich die Social-Media-Profile von potenziellen Mitarbeitern an.

„Die Grenzen zwischen Social Media und Public Relations verwischen zunehmend. Aus unserer Sicht ist der Einsatz von Social Media aus der professionellen Kommunikation mit der Öffentlichkeit nicht mehr wegzudenken", erklärt Christoph Schwartz vom deutschen Eurocom Worldwide Partner Schwartz PR in München. „Gerade bei Social Media haben die PR-Agenturen eine zentrale Funktion übernommen, denn Content zählt zu ihren Stärken: Sie kennen ihre Kunden thematisch oft am besten, sie entwickeln und erstellen für ihre Kunden sachbezogene Inhalte, sie kommunizieren diese Inhalte und sie sind es, die das Beziehungsgeflecht zur Öffentlichkeit mit aufbauen und pflegen. **Social Media ist damit ein Teil der Öffentlichkeitsarbeit geworden.**"

Nachholbedarf beim Social Media Monitoring

Obwohl immer mehr Unternehmen Social Media zur Kommunikation einsetzen und sogar ihr Budget erhöhen möchten, wird in professionelle Online Monitoring Tools nicht investiert. Die Umfrage zeigt, dass nur 36 Prozent der Unternehmen ein professionelles Online Monitoring einsetzen. Im Gegensatz dazu beobachten 52 Prozent ihr Unternehmen nur mithilfe von Google Alerts.

„Die erste Phase bei der Implementierung einer Social-Media-Kampagne besteht darin, herauszufinden und zu monitoren, was über das Unternehmen, seine Dienstleistung und Produkte online berichtet wird", kommentiert Mads Christensen, Network Director von Eurocom Worldwide. „Die Mehrheit der Unternehmen scheitert jedoch entweder am Monitoring selbst oder verzichtet grundsätzlich darauf."

Zurückhaltung bei Eintritt in Blogosphäre

Die Zahl der Unternehmensblogs ist seit zwei Jahren konstant: Ein Drittel (33 Prozent) der befragten Technologie-Unternehmen betreiben einen Corporate Blog. Die Motivation bei 62 Prozent der bloggenden Unternehmen ist, die Interaktion mit der Öffentlichkeit beziehungsweise mit den Kunden zu verbessern. Fast die Hälfte (49 Prozent) bloggt, um das eigene Profil im Netz zu schärfen und sich in der Branche zu positionieren. Dagegen unterhalten knapp die Hälfte (47 Prozent) der Technologie-Unternehmen keinen eigenen Blog. Als häufigster Grund wird mit 33 Prozent Zeitmangel angegeben, gefolgt von 29 Prozent, die keinen Mehrwert im Bloggen sehen. Noch nie über einen Blog nachgedacht haben 18 Prozent der Befragten. Aus Sorge, dass die Kommunikation nicht mehr steuerbar ist und damit die Kontrolle zu verlieren, verzichten 10 Prozent auf einen eigenen Corporate Blog.

FACEBOOK – GESCHICHTE EINES MITTZWANZIGERS, DER DIE WELT VERÄNDERTE

Mark Zuckerberg ist durch die Entwicklung von Facebook laut Forbes-Liste der jüngste Milliardär der Welt. Warum das so ist …

Er wird von einem Mitarbeiter in einer internen Notiz als „fordernder und entscheidungsfreudiger Chef" beschrieben, der nicht unbedingt mit Lob um sich wirft, und gilt als hochnäsig und unberechenbar. Seine Geschichte und damit die von

Facebook ist typisch für Erfolgsgeschichten im Internetzeit-
alter: Mark Zuckerberg entwickelte gemeinsam mit seinen
Kommilitonen Eduardo Saverin, Dustin Moskovitz und Chris
Hughes im Februar 2004 an der Harvard University für die
dortigen Studenten ein digitales Facebook. Die Website von
Zuckerberg erreichte in kurzer Zeit so große Bekanntheit, dass
sie rasch für alle Studenten in den Vereinigten Staaten, später
für High Schools und schließlich für Firmenmitarbeiter frei-
gegeben wurde. Im September 2006 begann der Siegeszug
der englischsprachigen Ausgabe im Ausland und zwei Jahre
später wurde die Website in den Sprachen Deutsch, Spanisch
und Französisch angeboten. Heute gibt es sie in insgesamt
über 74 Sprachen, weitere sollen folgen.

Ein Vermögen von neun Milliarden Dollar

Laut *Forbes Magazin* kann Zuckerberg im September 2012 ein
Vermögen von 9,4 Milliarden Dollar sein Eigen nennen.

Das Unternehmen steigerte seinen Umsatz im Jahres-
vergleich von 954 Millionen auf 1.26 Milliarden Dollar. Trotz
vorübergehender Wertverluste durch den Börsengang im Mai
beschreibt Facebook eine beispiellose Erfolgsgeschichte. Seinem bodenständigen Lebensstil ist Mark Zuckerberg dennoch
treu geblieben. Noch immer wohnt er in einem schlichten
Haus in Palo Alto im Herzen der kalifornischen Technologie-
region Silicon Valley, wo Facebook seine Zentrale hat, und geht
oft zu Fuß ins Büro. Auf geschäftliche Höhenflüge verzichtet
er indes nicht: Er wirbt fleißig neue Mitarbeiter an, bevorzugt
von seinem Konkurrenten Google (jeder zehnte Mitarbeiter

hat dort seine beruflichen Erfahrungen gesammelt) und ent-wickelt seine Geschäftsideen und Vermarktungsstrategien weiter. Mit Sheryl Sandberg hat er Anfang 2008 die Frau ins Boot geholt, die Google groß und die Suchmaschine zum Werbemogul gemacht hat. Die Ex-Google-Angestellte und ehemalige Abteilungsleiterin im Finanzministerium unter Bill Clinton hat dem studentisch geprägten Unternehmen unter-nehmerischen Geist eingehaucht und den Umsatz mit neuen Werbestrategien angekurbelt. 2011 ist Facebook Marktführer für Display-Werbung.

Schlagende Argumente für das Engagement auf Facebook

Ohne Sie mit Statistiken und Zahlen langweilen zu wollen, kann ich nicht ganz darauf verzichten, um Ihnen die Bedeu-tung des Netzwerkes vor Augen zu führen: Facebook liegt mittlerweile auf Platz 2 hinter Google, was die Reichweite im Internet angeht. Laut einer Pressemeldung des Facebook-Gründers überschritt die Website zum sechsjährigen Geburts-tag der Plattform am 5. Februar 2010 die 400-Millionen-User-Grenze (Anfang 2009 waren es noch 150 Millionen). Innerhalb eines Jahres verdoppelte sich die Mitgliederzahl weltweit auf über 800 Millionen aktive Nutzer im Jahr 2011. Aktuell ver-zeichnet das Netzwerk etwas über eine Milliarde aktive Mit-glieder. Das entspricht fast der Hälfte der 2,3 Milliarden In-ternetnutzer weltweit (In Deutschland nutzen über 30, in der Schweiz 37,9 und in Österreich 35 Prozent der Bevölkerung die Plattform.) Ein Mitglied verbringt durchschnittlich 15 Stunden und 33 Minuten pro Monat auf der Plattform und tauscht über 14 Milliarden Informationen monatlich aus. Facebook wird inzwischen ganz selbstverständlich als alternative Kommunikationsplattform zum Telefon oder zur E-Mail genutzt. Schenkt man den Angaben der Facebook-eigenen Statistikseite Glauben, so wird jeder Facebook-User pro Woche Fan von durchschnittlich vier Unternehmensprofilen. Die Zahl wäre nicht so bedeutsam, wenn nicht eine Umfrage des amerikanischen Marktforschungsunternehmens Chadwick Martin Bailey unter 1.500 US-Verbrauchern ergeben hätte, dass 51 Prozent der Nutzer sich eher für den Kauf eines Produktes entscheiden, wenn sie Fan des entsprechenden Firmenprofils sind. Gleichzeitig empfehlen 60 Prozent der Anhänger diese Produkte an ihre Freunde weiter.

Angebote und Rabatte locken User

Die Studie gibt auch wertvolle Einblicke in die Beweggründe der User, warum sie einem Unternehmen auf Facebook folgen: Zu den am häufigsten genannten Gründen gehören spezielle Angebote und Rabatte, exklusive und aktuelle Informationen. 21 Prozent gaben an, sie wären Fan, weil sie Kunde des Unternehmens sind, und 18 Prozent, dass sie ihren Freunden zeigen möchten, dass sie die Marke kennen oder sie unterstützen.

Weil wir alle wissen, dass man keiner Statistik glauben darf, die man nicht selbst gefälscht hat, hier noch ein paar weitere Denkanstöße für das Engagement im Social Web: Wo erreicht man in Zeiten der sich immer stärker frequentierten Mediennutzung so einfach so viele Menschen? Fragen Sie sich, ob es sich Ihr Unternehmen leisten kann, sich von dem Ort zurückzuziehen, an dem sich Ihre potenziellen Kunden aufhalten. Wollen Sie auf den nützlichen Nebeneffekt verzichten, hautnah an den Gesprächen der Nutzer über Marken und Kampagnen teilzunehmen, die Sie als wertvolle Inputs für die Markt- und Meinungsforschung sowie Produktoptimierung nutzen können? Wollen Sie zufriedenen Kunden die Bühne verweigern, auf der sie vor einem breiten Publikum mit Lob um sich werfen? Nein? Dann habe ich in meinem nächsten Beitrag ein paar wertvolle Tipps zur professionellen Gestaltung Ihres Facebook-Profils.

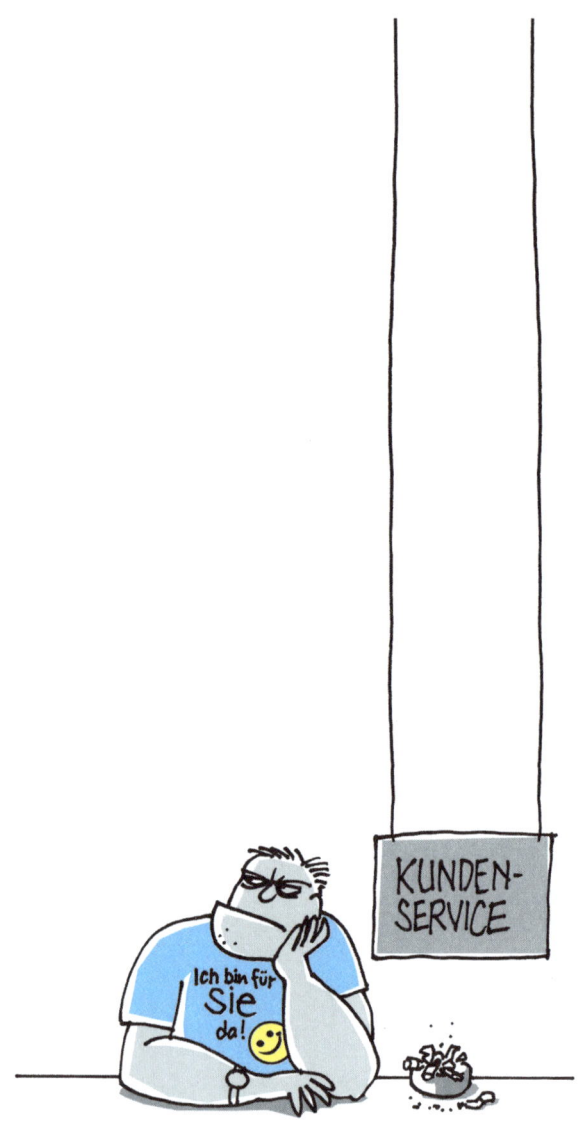

KAPITEL

DAS PROFESSIONELLE FACEBOOK-PROFIL

Nur dabei sein ist nicht alles ... Handfeste Tipps für Ihren Einstieg in das Online-Netzwerk.

Soziale Netzwerke sind kein Kommunikationsziel, sondern Medium oder Werkzeug, bei dem die Inhalte im Vordergrund stehen. Gelingt es Ihnen, sie in eine vernetzte Kommunikationsstrategie einzubinden, steht Ihnen ein wirkungsvolles Kommunikationsmittel zur Verfügung, das Ihnen bei der Verbesserung des Renommees und der Steigerung der Bekanntheit helfen kann. Leider geht es nicht ganz ohne Investitionen. Investitionen in die Gesprächsführung, Moderation und ins Monitoring. Vor allem müssen Sie Investitionen in die Schaffung von Inhalten tätigen, die die Teilnehmer wirklich interessieren. Wie auch bei den klassischen Kommunikationsmaßnahmen sollten Sie ein eigenes Budget sowie zeitliche und personelle Ressourcen einplanen. Nur so kann die Kommunikation im Web 2.0 Teil der gesamten integrierten Kommunikation Ihres Unternehmens werden.

Bereiten Sie sich gut vor

Hören Sie zunächst zu und verschaffen Sie sich einen Überblick. Unbedachtes Handeln oder planloses Herumexperimentieren unter dem Namen Ihres Unternehmens schadet Ihrem Ruf, auch nachdem alle Einträge gelöscht wurden. Das Internet ist wie ein großes Archiv, das niemals vergisst. Vor Ihrem tatsächlichen Auftritt sollten Sie deshalb zunächst folgende Fragen klären:

- Warum will Ihr Unternehmen „sozial" werden?
- Wo liegen die Stärken und Schwächen der Produkte und Dienstleistungen?
- Wen wollen Sie mit dem sozialen Web-Engagement ansprechen?
- Welche Ihrer Kunden sind bereits im Social Web unterwegs?
- Worüber, wann und wo kommunizieren Sie?

Um Rückschlüsse auf potenzielle Kunden für Ihr Unternehmen im Social Web zu bekommen, können Sie diese Analyse auch auf Ihre Wettbewerber anwenden.

Die Fanpage: das virtuelle Tor zu Ihrem Unternehmen

Primäre Anwendung für Unternehmen sind Fanpages. Sie sind wie die Homepage, ein Instrument zur Darstellung Ihrer Firma im Social Web. Hier haben Sie die Möglichkeit, sich nach Ihren Vorstellungen zu präsentieren, hier teilen Sie mit Ihren Fans die Informationen, Fotos und Videos, mit denen Sie sich selbst identifizieren. So fällt es auch den Kunden leichter, das richtige Bild von Ihrer Firma zu bekommen.

Immer mehr Geschäftsführer erkennen den Wert von Social Media

Oft sind es Mitarbeiter aus den Marketing-, PR- und Kundenservice-Abteilungen die Ideen für Social Media Marketing haben und auch die Nutzung sozialer Netzwerke innerhalb eines Unternehmens vorantreiben wollen. Bei der Geschäftsführung sieht dies noch oft anders aus und der Wert und Sinn von Facebook & Co. wird infrage gestellt. Doch auch hier findet ein Wandel statt und die Unternehmensleitung setzt verstärkt auf soziale Netzwerke – beruflich und privat.

Verfolgt man das Netzwerk Jive, so ist festzustellen, dass bereits 70 Prozent der befragten Geschäftsführer beruflich vermehrt soziale Netzwerke einsetzen und 82 Prozent mindestens ein Netzwerk auf der Arbeit verwenden.

45 Prozent der Geschäftsführer geben an, mehrfach pro Tag in sozialen Netzwerken unterwegs zu sein und sogar 73 Prozent geben an, dass Social Media Unternehmen grundlegend verändern wird. 17 Prozent sehen sich jedoch nur als „Vorreiter". Unternehmen befinden sich nach wie vor in einer Lernphase, diese wird auch noch andauern.

Im Großen und Ganzen ist diese Entwicklung als positiv zu bewerten. Denn ohne die Bestätigung und Unterstützung der Geschäftsführung wird es schwer für die Abteilungen, Social Media im Unternehmen zu kommunizieren und umzusetzen.

Qualität ist messbar

Die Popularität der Seite ist messbar. Allerdings bemisst sich der Erfolg der eigenen Facebook-Aktivität nicht an der Größe der Fangemeinde, sondern daran, wie involviert die Nutzer sind und ob die Nutzer auch mit Ihrer Zielgruppe übereinstimmen. Ob die Schnittmenge richtig ist, verrät die Statistik, die Facebook für Fanpage-Betreiber als „Insights" bereitstellt. Sie zeichnet Informationen über Geschlecht, Alter, Herkunft und Bildungsgrad Ihrer Anhänger auf. Obendrein gibt sie Auskunft über die Anzahl der Fans, der entfernten Fans, der Interaktionen, der Interaktionen pro Beitrag und der Seitenabrufe. Die Statistiken können Sie als direktes Feedback nutzen, um Ihre virtuelle Kommunikation zu verbessern: Welche Beiträge kommen besonders gut an? Welche Möglichkeiten werden von den Fans nicht genutzt? Nutzen Sie den direkten Kontakt mit Ihren Kunden auch als kleines Stimmungsbarometer für Themen in der realen Welt.

An dem Maß der Interaktivität Ihrer Fans können Sie die Überzeugungskraft und Werthaltigkeit Ihrer Fanpage ablesen. Ob Sie diese zulassen, fördern oder durch Deaktivieren der entsprechenden Reiter unterbinden wollen, ist ganz Ihre Entscheidung. Wenn Sie die Interaktivität der Fans jedoch einschränken, verkennen Sie das wesentliche Prinzip des Social Web. Interaktion fördert Kundenbindung und führt zu mehr „Fans". Sobald ein Fan etwas auf Ihre Pinnwand postet oder ihm einer Ihrer Links gefällt, wird das auf der Startseite seiner Freunde angezeigt. Dies wirkt wie eine Peer-to-Peer-Empfehlung und es werden weitere potenzielle Kunden auf Ihre Seite gelockt. Im Idealfall erreichen Sie so Meinungsführer, die durch die Veröffentlichung Ihrer Aktivitäten Ihre „Fans" multiplizieren.

Offener Dialog auf Augenhöhe

Im Vordergrund Ihrer Aktivitäten müssen der Aufbau und die Pflege von Beziehungen stehen. Dazu ist der offene und direkte Dialog auf Augenhöhe das A und O. Der Tonfall sollte locker und unaufdringlich sein, der Dialog sachlich, fair und achtungsvoll. Der Social Media Code of Ethics der Fachgruppe

Social Media im Bundesverband Digitale Wirtschaft (BVDW) e.V. listet sechs Punkte auf, die Werbung treibende Unternehmen im Umgang mit Social Media beachten sollten, zum Beispiel: Animieren Sie Ihre Fans zum Mitmachen. Meinungsumfragen, Verbesserungsvorschläge, Produktideen, kreative und multimediale Aktionen sowie Offlineveranstaltungen eignen sich dafür besonders. Treten Sie als Initiator und Akteur auf, der den Dialog sucht, Fehler zugibt oder auf berechtigte Kritik reagiert. Negative Schlagzeilen über Ihr Unternehmen dringen in das Social Web auch ein, wenn Sie sie nicht thematisieren. Gehen Sie daher offen und ehrlich mit den negativen Schlagzeilen und Kritik um. Wirken Sie vertrauenswürdig und ehrlich, verzeiht die soziale Gemeinde gewöhnlich kleine Fehltritte. Das Verschweigen von Fehltritten führt eher zu Kritik, die dann für immer auf Ihrer Seite bleibt.

Geben Sie Ihrem Unternehmen ein menschliches Gesicht

Kunden möchten wissen, was und vor allem wer hinter einem Unternehmen steckt. Auf Facebook haben Sie die Chance, Ihre Firma transparent wirken zu lassen. Das beginnt mit der ausführlichen Beschreibung des eigenen Firmenprofils und kurzen Informationen zur Branche. Diese Angaben erscheinen immer unterhalb des Profilfotos. Überlegen Sie, welche Dinge potenzielle Kunden von Ihnen wissen wollen. Was haben Kunden davon, mit Ihrem Unternehmen in Kontakt zu treten? Von Interesse sind vor allem Berichte aus dem Firmenalltag. Erfahrungsberichte von Mitarbeitern oder Anekdoten tragen dazu bei, dass das Unternehmen menschliche Züge bekommt und nahbarer wird. Damit die Gratwanderung zwischen Nähe und Indiskretion gelingt, hat der Bundesverband Digitale Wirtschaft (BVDW) einen Social-Media-Leitfaden für Unternehmen entwickelt, der sich unter anderem mit dem Umgang mit firmeninternen Informationen beschäftigt. Der aus meiner Sicht nahe liegendste und wichtigste Grundsatz: Geheimnisse müssen geheim und Interna intern bleiben. Verdeutlichen Sie Ihren Mitarbeitern, dass jeder, der Firmeninformationen veröffentlicht, Verantwortung übernimmt.

Mit multimedialen Inhalten die Reichweite erhöhen

Ihre Pinnwandeinträge werden auf den Startseiten Ihrer Fans gleichrangig zu Einträgen von Freunden und Bekannten angezeigt. Um höhere Sichtbarkeit und Aufmerksamkeit zu erreichen, müssen Sie Ihre Beiträge aufwerten. Multimediale Inhalte eignen sich dazu besonders. Fügen Sie Bilder, Videos und Links ein und eröffnen Sie Diskussionsforen. Das sogenannte Phototagging erlaubt es, Bilder mit Namen zu markieren und mit Profilen zu verlinken. Ikea hat diese Funktion beispielsweise genutzt, um seine Filialeneröffnung in Malmö mit einem Gewinnspiel zu promoten. Auf zwölf Fotos von Mustereinrichtungen konnten die Facebook-Nutzer ein Möbelstück mit ihrem Namen versehen. Schnelligkeit wurde belohnt, indem Ikea das Inventar an den Flottesten verschenkte. Einen viralen Effekt löst diese Aktion aus, weil das getaggte Bild nicht nur auf der Profilseite des jeweiligen Nutzers, sondern automatisch auch auf den Facebookseiten von dessen Freunden erscheint. Die Teilnehmer wurden so zu Werbenden.

Mit der Vernetzung aller Social-Media-Kanäle die Sichtbarkeit vergrößern

Sie wissen von Ihren Offline-Aktivitäten, dass Kommunikationskonzepte besonders wirkungsvoll sind, wenn Sie alle Medien und Maßnahmen miteinander verknüpfen. Übertragen Sie diese Strategie auf Ihre Aktionen im (Social) Web und vernetzen Sie alle Social-Media-Kanäle mit Facebook. Das erhöht die Sichtbarkeit Ihrer Angebote und kann den Verkehr steigern. Dazu bietet Facebook zahlreiche Anwendungen wie Facebook-Connect.

Gleichzeitig hat jede Social-Media-Plattform ihre eigene Logik, Sprache und Zielgruppe. Diese müssen Sie identifizieren und separat bedienen. Posten Sie beispielsweise nicht alle Tweets bei Twitter automatisch auch bei Facebook, sondern nur relevante Statusmeldungen – denn während sich Twitter ausgezeichnet dafür eignet, ständig gefüttert zu werden, könnten sich Ihre Fans von häufigen Statusmeldungen bei Facebook erschlagen fühlen. Bewerten Sie hingegen eine Twitter-Meldung als besonders relevant, können Sie ohne großen Aufwand ihren Tweet als Statusmeldung bei Facebook verlinken, indem Sie Ihre Nachricht mit einem sogenannten Hashtag „#fb" versehen.

Mittlerweile gibt es Social-Media-Planer (z.B. wie in www .socialmediaplanner.de), mit deren Hilfe Sie schnell und einfach eine Übersicht über alle relevanten Plattformen bekommen. Dieser erlaubt Ihnen beispielsweise die Auswahl und Einteilung von fast 170 Plattformen nach Zielgruppe, Themengebiet sowie Aktivität und Reichweite. So können Sie mit wenigen Klicks die Plattformen, auf denen sich die Zielgruppe bewegt, identifizieren.

Für Unternehmen, die ihre Kunden da abholen wollen, wo sie sich bewegen, wird es mittelfristig keine Alternative zu den sozialen Medien geben. Heute wirkt ein Unternehmen ohne Homepage unseriös und unprofessionell. Bald wird man das Gleiche über Unternehmen sagen, die zwar eine Homepage besitzen, aber nicht im Social Web aktiv sind. Deshalb denken Sie daran, Ihre Web-2.0-Aktivitäten in Ihre Web-1.0-Aktivitäten zu integrieren.

Schalten Sie Widgets auf Ihrer Homepage oder verknüpfen Sie diese mit Textlinks, Buttons oder Banner auf Ihre Facebook-Seite. Dadurch erhöhen Sie den Verkehr auf der Seite und fördern den Aufbau Ihrer Fangemeinde. So greifen Sie Ihre Kunden auf den Seiten auf, die diese bereits kennen, und machen sie mit Ihrem Engagement im Web 2.0 und einer Seite Ihres Unternehmens bekannt, das viele Kunden vielleicht noch nicht kannten.

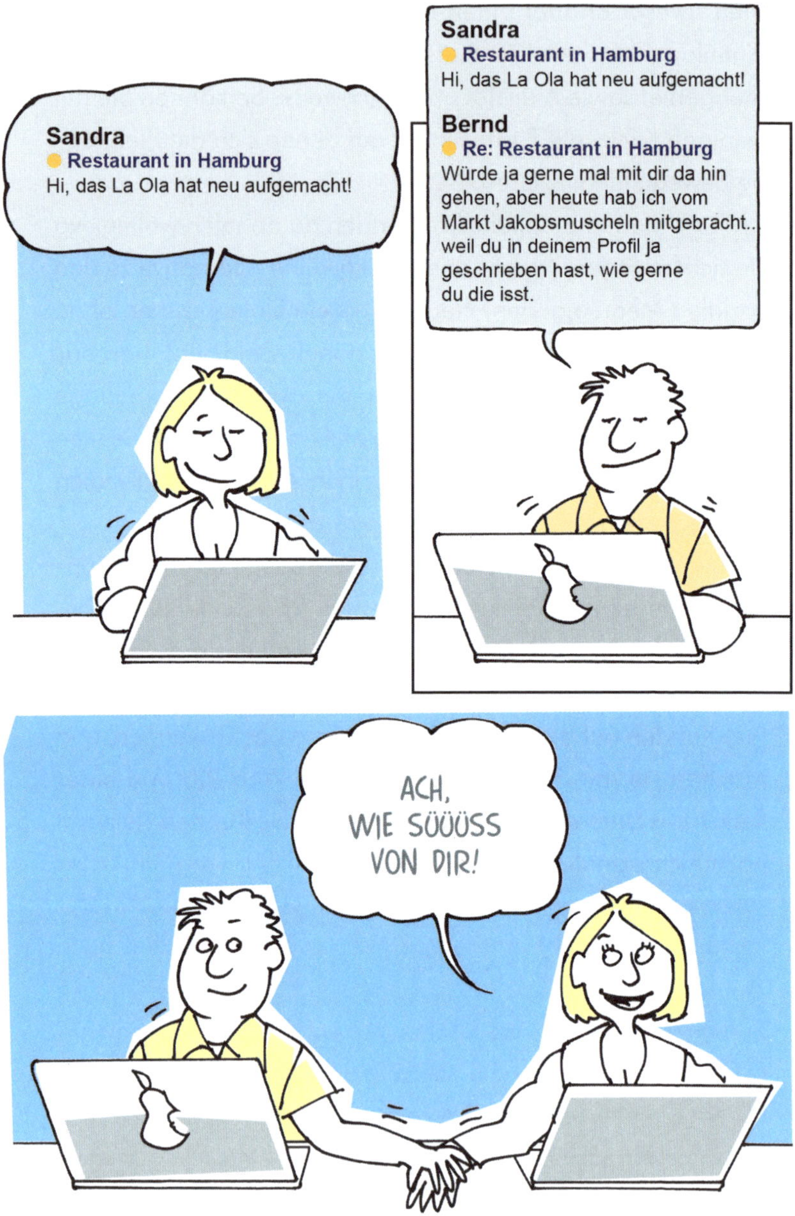

70

6

DAS DING MIT XING

Sie müssen aktiv bleiben

Es reicht nicht aus, ein Profil anzulegen und sich in verschiedenen Gruppen anzumelden. Mit ca. 13 Millionen Mitgliedern ist XING in Deutschland und Europa das Business-Netzwerk schlechthin und darüber hinaus ein gut funktionierender Marketing- und Vertriebskanal. Loggen Sie sich bei XING ein, legen Sie ein professionelles Profil an, diskutieren Sie in Gruppen mit und nehmen Sie an Veranstaltungen teil. Ich weiß aus eigener Erfahrung: So finden Sie schneller neue Kunden oder Geschäftspartner, als wenn Sie endlose Verkaufstelefonate führen oder teure Flyer verteilen.

Das Profil pflegen wie die eigenen Bewerbungsunterlagen

Wie bei allen anderen Netzwerken ist auch ein professionelles XING-Profil ein wichtiger erster Schritt. Indem Sie Ihr XING-Profil mit detaillierten Informationen füllen, erhöhen Sie die Chance, als interessanter Geschäftspartner, Dienstleister oder Arbeitgeber identifiziert zu werden. Je mehr ich von meinem Gegenüber weiß, desto mehr vertraue ich ihm und desto besser kann ich einschätzen, wie groß die Schnittmenge mit seinen Angeboten ist.

Beachten Sie beim Erstellen Ihres Profils ein paar einfache Regeln

- Wählen Sie ein professionelles Profilbild, das Sie sympathisch und kompetent wirken lässt.
- Füllen Sie die Angaben zu Ihren Kontaktdaten gewissenhaft aus und halten Sie diese immer auf dem neuesten Stand. Einerseits dienen die Profildaten vielen Mitgliedern als Adressbuch und andererseits wird die Aktualisierung auf der Startseite Ihrer Kontakte unter „Neues aus meinem Netzwerk" angezeigt. Mir dienen diese Meldungen immer wieder als guter Anknüpfungspunkt, um eingeschlafene Kontakte aufzufrischen.
- Die Felder „Ich suche" / „Ich biete" sind die mit Abstand wichtigsten Felder des Profils. Deshalb sollten Sie diese mit aussagekräftigen Informationen füllen. Vermeiden Sie dabei jedoch reine Stichwortverzeichnisse. Um die

Lesbarkeit und Verständlichkeit zu verbessern, erklären Sie Ihr Angebot am besten in zwei bis drei Sätzen. Daneben können Sie auch ein paar aussagekräftige Einzelbegriffe eingeben, die über die Suchfunktion gut gefunden werden. Prüfen Sie regelmäßig, ob die Angaben noch aktuell sind, und passen Sie sie gegebenenfalls an. Im Feld „Ich biete" gibt es für andere XING-Mitglieder die Möglichkeit, ihre Themen zu bestätigen.

• Interessen abseits des Arbeitsalltags verbinden und bieten Gesprächsstoff. Deshalb nutzen Sie das Feld „Interessen", um Aufmerksamkeit zu wecken und nützlichen Kontakten eine Gesprächsvorlage zu geben. Für weiterführende Angaben leiten Sie Ihre Besucher auf Ihre „Über mich"-Seite oder Ihre Firmenhomepage. Eine Kontaktanfrage lässt sicher nicht lange auf sich warten. Hervorragende Tipps zum XING-Profil gibt es bei meinem geschätzten Kollegen Joachim Rumohr in seinen Seminaren www.rumohr.de.

Das Unternehmensprofil

Zunächst war es bei XING nur möglich, sich als Privatperson zu präsentieren. Seit 2009 ermöglicht das soziale Netzwerk das auch Unternehmen. Wer sich auf dieser Internetplattform bewegt, will von anderen XING-Mitgliedern gefunden werden. Ziel des Unternehmens muss es sein, es den Suchenden möglichst einfach zu machen. Transparenz über Mitarbeiterstatistiken und eine Aufstellung der richtigen Ansprechpartner machen die Qualität des Unternehmensprofils aus. Generell hat der Nutzer die Wahl zwischen verschiedenen Arten von Unternehmensprofilen:

1. Einfaches Unternehmensprofil: Diese werden automatisch aus den Informationen und Statistiken der Mitarbeiter generiert, die ein freigegebenes Profil auf XING haben.

2. Gestaltetes Unternehmensprofil Standard bzw. Plus: Beim gestalteten Unternehmensprofil muss das Unternehmen die Nutzungsrechte für das Profil erwerben und kann es dann selbst mit Inhalten wie z. B. dem eigenen Logo füllen. Die Plus-Version erlaubt es Ihnen, aktuelle Neuigkeiten zu Produkten und Angeboten mithilfe der Funktion „Firmen-Updates" in Ihr Profil zu integrieren – so bleiben Ihre Mitglieder immer auf dem Laufenden. Hier können Sie wieder virale Effekte nutzen, weil die Abonnements Ihrer Mitglieder und deren direkter Kontakte automatisch in der Infobox „Neues aus dem Netzwerk" angezeigt werden.

Mit den richtigen Kontakten ins Gespräch kommen

Weil es bei XING darum geht, sein Netzwerk zu vergrößern und mit interessanten Geschäftskontakten ins Gespräch zu kommen, ist die Suchfunktion entsprechend gut entwickelt. Der einfachste Weg, sich zunächst einen Kontaktstamm aufzubauen, ist, Freunde, Bekannte, Arbeitskollegen und bestehende Geschäftspartner zu suchen und diese anzusprechen. Dazu geben Sie einfach deren Namen ein.

Um gänzlich neue Kontakte zu knüpfen, sind mehrere Vorgehensweisen denkbar. Natürlich können Sie Ihren Wunschkontakt ebenfalls über die Suchfunktion finden lassen. Nutzen Sie dazu die „erweiterte Suche". Wichtig bei der Anfrage „ins Blaue hinein" ist jedoch eine aussagekräftige Begründung für Ihren Kontaktwunsch. Der Hinweis auf etwaige Gemeinsamkeiten ist dabei ein guter Aufhänger. Machen Sie sich deshalb die Mühe und suchen Sie auf dem Profil des anderen nach einem Impuls, aufgrund dessen Sie das Mitglied ansprechen können. Für Premiummitglieder erleichtert XING die Suche über die Funktion „Powersuche". Dort werden beispielsweise alle „Mitglieder, die in denselben Gruppen sind wie ich" aufgelistet. Hier finden Sie Menschen mit gleichen geschäftlichen oder privaten Interessen.

Klasse statt Masse

Einige Mitglieder verfallen einem Kontaktwahn. Diesen geht es lediglich darum, ihre Kontaktliste immer mehr zu vergrößern. Das hat nichts mit effizientem Netzwerken zu tun. Wenn Sie von einem solchen Kontakte-Junkie angesprochen werden, überlegen Sie sich, ob Ihnen dieser Kontakt wirklich etwas bringt. Entschließen Sie sich dazu, die Kontaktanfragen abzulehnen, dann versenden Sie eine höfliche Mitteilung.

Der kleinste gemeinsame Nenner

Gemeinsame Hobbys und Interessen sind ein guter Gesprächseinstieg – noch einfacher ist aber die Kontaktaufnahme, wenn Sie ein gemeinsamer Bekannter vorstellt. Solche Begegnungen können Sie bei XING bewusst herbeiführen, indem Sie in den Kontakten Ihrer Kontakte gezielt danach suchen. Dazu nutzen Sie die eben beschriebene Suchfunktion und verwenden zusätzlich die Option „Kontakte meiner Kontakte" direkt unterhalb der Stichwortsuche. Jetzt zeigt XING Ihnen nur noch Kontakte an, die mit einem Ihrer Bekannten in direkter Verbindung stehen. Den gemeinsamen Kontakt können Sie daraufhin bitten, Sie vorzustellen, oder Sie rufen mit dem Verweis auf den gemeinsamen Bekannten direkt bei der Person an.

Neue Mitglieder kennenlernen

Eine weitere Möglichkeit neue Kontakte zu knüpfen, ist die Funktion „Neue Mitglieder". Dort werden die letzten dreihundert neuen XING-User mit Bild aufgelistet. Über den Suchagenten können Sie sich automatisch informieren lassen, wenn neue Mitglieder beitreten, die das suchen, was Sie selbst anbieten oder vice versa. Die Suchkriterien und den Turnus, in dem der Suchagent tätig werden soll, können Sie selbst bestimmen.

Big Brother is watching you

Was Datenschützer immer wieder Kopfzerbrechen bereitet, was aber soziale Onlinenetzwerke gerade so interessant macht, ist die Transparenz der Mitgliederdaten. Jeder Nutzer muss sich bewusst machen, dass er für andere User sichtbar ist und dass seine Aktionen im Netzwerk für alle nachvollziehbar sind. Das gilt auch für den Besuch auf anderen Profilen. Unter „Mitglieder, die kürzlich meine Firmen-Homepage angeklickt haben" und „Mitglieder, die ‚Über mich' kürzlich aufgerufen haben" werden die Mitglieder aufgelistet, die in den vergangenen drei Tagen auf Ihrem Profil waren.

Das Netzwerk pflegen

Die Funktion „Neues aus meinem Netzwerk" ist nicht nur für die Suche nach neuen Kontakten interessant, sondern auch zur Pflege des bestehenden Netzwerkes. Denn dort bekommen Sie stets einen aktuellen Statusbericht darüber, was sich bei Ihren Kontakten tut, wer wen als neuen Kontakt hat, wer welcher Gruppe beigetreten ist oder ein neues Profilfoto hochgeladen hat. Nehmen Sie diese Informationen als Aufhänger, um sich bei anderen wieder ins Gedächtnis zu rufen und Small Talk zu führen.

Den Überblick behalten

Ab einer gewissen Anzahl an Kontakten kann schon mal der Überblick verloren gehen. Deshalb ist es sinnvoll, jeden Kontakt mit sogenannten Tags zu versehen. Verschlagworten Sie Ihre Kontakte mit einem oder mehreren Begriffen wie „Lieferant", „Kunde" oder „Sport". Auf der Suche nach bestimmten Kontakten können Sie Ihr Adressbuch dann nach solchen Tags filtern.

Gruppendynamik

Ein großer Teil der Kommunikation auf XING findet in den mehr als 52.000 Gruppen statt. Diese erfüllen gleich mehrere Funktionen: Sie sind Diskussionsforum, Informationsquelle und Bühne zugleich. Dort können Sie Ihr Know-how anbringen und sich als Experte für ein bestimmtes Thema positionieren.

Gleichzeitig finden Sie hier Spezialisten, die Ihnen bei Fragen schnell weiterhelfen. Der wichtigste Aspekt ist: Sie kommen mit anderen Mitgliedern ins Gespräch. Mehr noch, Sie tauschen sich mit Gleichgesinnten aus. Dabei ist es ganz egal, ob Sie einer Experten- oder einer Freizeit-Gruppe angehören. Denn wer weiß, wer sich hinter dem Hundeliebhaber verbirgt? Vielleicht braucht er ja gerade Ihre Dienstleistung für sein nächstes berufliches Projekt.

Treten Sie nur Gruppen bei, deren Themen Sie wirklich interessieren und in die Sie sich zumindest zeitweilig aktiv einbringen wollen. Ideal geeignet, um entsprechende regionale Kontakte zu knüpfen, sind natürlich die jeweiligen Regionalgruppen, die sich auf Orte, Landkreise oder Bundesländer beziehen. Mit Menschen gleicher beruflicher Interessen kommen Sie in Gruppen zu allen möglichen Spezialthemen ins Gespräch. Diese eignen sich auch, um in der Diskussion mit anderen Mitgliedern mit Ihrem Know-how zu punkten und sich als Experte zu beweisen.

„Bitte stellen Sie sich kurz vor"

Wenn Sie sich für die Mitgliedschaft in einer Gruppe entschlossen haben, sollten Sie die Vorstellungsforen nutzen. Um den Mitgliedern auf gleicher Augenhöhe zu begegnen und den richtigen Ton zu treffen, lesen Sie sich zunächst andere Vorstellungen und die Reaktionen darauf durch. Denn wie bei einem Bewerbungsgespräch bekommen die Mitglieder hier einen ersten Eindruck von Ihnen.

Wer schreibt, der bleibt

Nutzen Sie jede Gelegenheit, einen sachlichen Beitrag zu leisten und sich aktiv in die Diskussionen einzubringen. Dadurch demonstrieren Sie soziale und fachliche Kompetenz. Sie bleiben den anderen Autoren und potenziellen Kunden im Gedächtnis – und das ist es letztendlich, um was es geht: andere dezent auf sich aufmerksam machen. Sie haben immer die Möglichkeit, die Moderatoren anzusprechen, wenn Sie besondere Wünsche haben oder sich verstärkt einbringen möchten. Gruppenrelevante Inhalte werden in der Regel gerne angenommen und finden oft den Weg in Newseinträge auf der Startseite oder Erwähnung im Newsletter.

Natürlich sollten Sie es aber nicht übertreiben und im Stundentakt Artikel posten oder die Gruppen mit einer Werbeauslage verwechseln. Denn andere Mitglieder identifizieren Schaumschläger und Reklamemacher sehr schnell. Der ernsthafte Austausch mit anderen Mitgliedern muss im Vordergrund stehen. Geben und Nehmen müssen sich in einem Netzwerk immer die Waage halten. Dazu gehört auch, seine Kontakte in für Sie relevante Gruppen einzuladen und Autoren guter Beiträge öffentlich ein positives Feedback zu geben.

Selbst Gruppenmoderator werden

Die Königsdisziplin des Netzwerkens erreichen Sie, wenn Sie selbst zum Gruppenmoderator werden. Sie erhöhen dadurch Ihre eigene Sichtbarkeit und Einflussmöglichkeiten und können die Entstehung, Entwicklung und Zusammensetzung einer Gruppe und das Agendasetting bestimmen. Darüber hinaus erklären die Mitglieder bis zum Widerruf ihr Einverständnis, dass Sie ihnen als Moderator Newsletter und Veranstaltungseinladungen zusenden dürfen. Aber auch hier gilt: Die Aktivitäten in den Gruppen sollen nicht Ihren Selbstdarstellungsdrang stillen, sondern dem Austausch und der Kontaktpflege dienen. Nur so funktioniert effektives und erfolgreiches Netzwerken.

Eine Geldkuh namens XING

Der Börsengang von LinkedIn hat die Verhältnisse in der Welt der Business-Netzwerke ins Licht gerückt. Für den deutschen Wettbewerber XING geht es jetzt nur noch um Deutschland, Österreich und die Schweiz – und um die Frage, was Burda mit dem Netzwerk vorhat.[1]

Es war ein denkwürdiger Tag für die Geschichtsbücher – oder müsste es eher heißen in den E-Books der Geschichte? An jenem Tag gab der weltweit führende Online-Buchhändler Amazon bekannt, in den USA erstmals mehr elektronische Bücher verkauft zu haben als gedruckte. Trotzdem lief es für Amazons PR-Abteilung an diesem Tag nicht gut. Denn im Vergleich zu jenem Börsengang, den das Online-Netzwerk LinkedIn am Donnerstag aufs Parkett zauberte, verkam die Topmeldung des Buchhändlers zur Randnotiz.

1 Anm. d. Autors: Was sich im Dezember 2012 gezeigt hat! Burda Digital hat seinen Anteil der XING-Aktien um 20,8 Prozent auf 59,2 Prozent erhöht.

Schon der Ausgabekurs von 45 Dollar je Aktie galt vielen Experten im Vorfeld des LinkedIn-Börsengangs als ambitioniert. Schließlich bedeutete dieser Kurs, dass das Unternehmen schon zum Börsenstart mit mehr als vier Milliarden Dollar bewertet wurde. Zur Schlussglocke notierten die Papiere an der New York Stock Exchange bei 94,25 Dollar – also um 109,44 Prozent über dem Ausgabekurs.

Die Hände gerieben hat sich an diesem Tag auch Konstantin Guericke. Der gebürtige Hamburger gehört zu den Mitgründern von LinkedIn. 31.000 seiner Aktien versilberte er im Zuge des IPOs. Die 870.000 Aktien, die er noch hält, entsprechen ungefähr einem Prozent der Unternehmensanteile.

Ob die rund acht Milliarden Dollar (ca. sechs Milliarden Euro), die LinkedIn inzwischen auf die Waage bringt, gerechtfertigt sind, darüber mag er nicht spekulieren. „Der Markt entscheidet", sagt Guericke.

XING steht operativ gut da

Die Zahlen, die der Entscheidung der Aktionäre zugrunde gelegen haben, lesen sich dabei so: LinkedIn erwirtschaftete bereits 2010 einen Umsatz von 243 Millionen Dollar (170 Millionen Euro)[2] und ein Ergebnis vor Zinsen, Steuern

---

2 Anm. d. Autors: LinkedIn Umsatz alleine im Quartal 4/2012 304 Millionen US Dollar.

und Abschreibungen (Ebitda) von rund 48 Millionen Dollar (34,3 Millionen Euro).

Demgegenüber brachte es der deutsche Wettbewerber XING im Jahr 2010 bei einem Umsatz 54,3 Millionen Euro auf ein Ebitda von 16,7 Millionen. An der Börse bringt die XING AG allerdings nur eine Marktkapitalisierung von knapp 300 Millionen Euro auf die Waage.

Ob die LinkedIn-Aktien zu teuer oder die XING-Aktien zu günstig sind, darüber streiten seither die Analysten. Die Frage, warum der Konkurrent aus dem Silicon Valley innerhalb eines Börsentages seinen Ausgabekurs verdoppeln konnte, während die Deutschen Selbiges seit ihrem Börsendebüt im Dezember 2006 nicht vermochten, wird sich der Vorstandsvorsitzende der XING AG, Stefan Groß-Selbeck, auf der am 02.06.2011 stattfindenden Hauptversammlung aber wohl nicht stellen müssen. Denn zuletzt kannte die Aktie der Hamburger nur eine Richtung – nach oben.

Ein Grund dafür ist, dass es im operativen Geschäft für XING gut läuft. Das Unternehmen steigerte im ersten Quartal des laufenden Jahres den Gesamtumsatz um 24 Prozent auf 15,7 Millionen Euro. Der Gewinn vor Steuern, Abschreibungen und Zinsen (Ebitda) lag bei 5,6 Millionen Euro und damit 70 Prozent über dem Vorjahreswert. Und die Zahl der Nutzer in Deutschland, Österreich und der Schweiz stieg im ersten Quartal um 215.000 auf rund 4,7

Millionen – immerhin das stärkste Mitgliederwachstum seit zwei Jahren.

Insgesamt zählt XING derzeit knapp elf Millionen Nutzer, 759.000 von ihnen zahlen Geld für die Premium-Mitgliedschaft, was ihnen Zugang zu erweiterten Funktionen gibt.

SAP setzt auf LinkedIn

Die kostenpflichtigen Premium-Mitgliedschaften tragen 70 Prozent zum Umsatz von XING bei. Die anderen 30 Prozent verteilen sich auf E-Recruiting-Angebote für Unternehmen, die in dem Netzwerk gezielt nach qualifiziertem Personal suchen, auf das Anzeigengeschäft, bei dem Werbung rund um die Basisprofile der Mitglieder platziert wird und drittens auf das Geschäft rund um die Online-Vermarktung von Messen, Tagungen oder After-Work-Treffen, die von XING-Mitgliedern über die Plattform organisiert und beworben werden.

Um auf diesem Feld Fuß zu fassen, ließ sich das Unternehmen die Übernahme des Ticketing-Dienstleisters Amiando erst im Dezember gut zehn Millionen Euro kosten. „Zu den Besonderheiten von XING gehört, dass wir von vornherein Menschen nicht nur online, sondern auch offline zusammengebracht haben", sagt XING-Chef Groß-Selbeck. Bisher habe das Unternehmen allerdings über keine Technologie verfügt, die es den Nutzern ermöglicht habe, Promotion, Teilnehmerregistrierung,

Ticketing und Billing direkt auf XING durchzuführen. „Mit der Übernahme Amiandos verfügen wir jetzt über eine entsprechende Technologie." Künftig, so der XING-Chef, würden die Umsatzströme aus den Wachstumsfeldern noch einen größeren Anteil an den Unternehmenserlösen ausmachen.

Damit würde sich XING auch ein wenig an das LinkedIn-Ertragsmodell annähern. „Unser Fokus ist die Monetarisierung durch Firmen", sagt LinkedIn-Mitgründer Guericke. Der Erlösanteil durch Premium-Abonnements lag im vergangenen Geschäftsjahr bei gerade 25 Prozent. Wichtiger sind die zwei weiteren Säulen des LinkedIn-Geschäftsmodells. So nahm das Portal im vergangenen Jahr 33 Prozent durch Anzeigenerlöse ein. 42 Prozent erlöste LinkedIn durch Jobvermittlungsangebote, bei denen das Netzwerk eng vor allem mit international tätigen Unternehmen zusammenarbeitet.

XING setzt voll auf den deutschen Sprachraum

Eines dieser Unternehmen ist die SAP AG, die über ihre Venture-Capital-Tochter selbst an LinkedIn beteiligt ist. SAP nutzt die Plattform seither selbst zur Personalrekrutierung. Guericke führt die Zusammenarbeit mit zahlreichen Großunternehmen auf zwei Alleinstellungsmerkmale zurück, die er im Vergleich zu lokalen Business-Netzwerken ausgemacht hat. „Erstens ist es die Internationalität unserer Kontakte, zweitens die Qualität der

Mitglieder", die nach seiner Aussage eher in den oberen Etagen der Konzernzentralen sitzen.

Zum Durchbruch haben diese Attribute dem US-Netzwerk in Deutschland bislang allerdings nicht verholfen. Die letzte offizielle Wasserstandsmeldung des Unternehmens über die Mitgliederzahlen stammt aus dem März 2010. Damals hatten sich rund eine Million Nutzer bei LinkedIn angemeldet. Konkurrent XING hatte zum gleichen Zeitpunkt allein in Deutschland gut 700.000 zahlende Premium-Nutzer.

XING wiederum erging es im Ausland nicht besser. Dabei hatte der Gründer und erste CEO, Lars Hinrichs, die als OpenBC gestartete Plattform nach dem Börsengang extra umgetauft. Doch dass „XING" in Nordamerika auch als „Crossing" gelesen werden kann, auf chinesisch „Sching" ausgesprochen wird und dort so viel bedeutet wie „es klappt", das interessiert heute weder die Amerikaner noch die Chinesen.

Auch woanders klappte es mit der Internationalisierung nicht wie erhofft. Zwar brachten Zukäufe von Business-Netzwerken in Spanien und der Türkei einige Hunderttausend neue Nutzer. Die Umsätze und Gewinne, die bislang aus diesen beiden Ländern überwiesen werden, sind allerdings kaum nennenswert. Ende vergangenen Jahres wurde schließlich bekannt, dass XING das Büro in der Türkei schließt und die Mannschaft in Spanien zusammenschrumpft.

Burda setzt auf XING

„Wir haben in Spanien und der Türkei weiterhin eine gute Marktposition", sagt XING-Chef Groß-Selbeck. Er sieht die Zukunft jedoch anderswo: „Das wesentliche Wachstum wird aus dem deutschsprachigen Raum kommen", sagt er. Schließlich sei die Marktdurchdringung im Vergleich zu anderen Ländern noch nicht sehr hoch. Rund fünf Prozent der Bevölkerung sind Mitglied bei XING. Im Ausland netzwerken hingegen 10 bis 15 Prozent der Bevölkerung online.

Auch im Hinblick auf neue Geschäftsfelder lief es für XING nicht immer gut. So übernahmen die Deutschen im Dezember 2008 für 7,5 Millionen Dollar (5,4 Millionen Euro) das New Yorker Unternehmen Socialmedian, das in der Lage war, aus rund 20.000 Quellen, darunter Dienste wie Twitter, YouTube und klassische Medien, individuelle News herauszufiltern und diese mit anderen Nutzern zu teilen. XING wollte diesen Dienst auf dem eigenen Portal integrieren. An der Umsetzung scheiterte das Unternehmen jedoch.

Anfang 2010 verließ Socialmedian-Gründer Jason Goldberg XING – nach nur einem Jahr. Die von ihm verantwortete „Applications Platform", mit der XING weltweite

Partnerschaften für Entwickler von Applikationen und Inhalteanbietern aufsetzen wollten, um diese mit dem Netzwerk zu verbinden, wurde im Zuge des Relaunches der Website eingestellt – ganze 17 Apps existierten bislang. „Ich bin ein großer Freund davon, etwas auch mal zu entschlacken", sagt XING-Chef Groß-Selbeck. Er betont zugleich, dass das Unternehmen auch weiterhin Dritten die Möglichkeit geben wolle, Applikationen für das Netzwerk zu entwickeln, nur eben nicht auf Basis des bislang genutzten Open Social Standards. „Hier haben sich die Erwartungen einfach nicht erfüllt."

20 Millionen Euro Sonderausschüttung für die Aktionäre

Um die Aktionäre zwischenzeitlich bei der Stange zu halten, hatte der Vorstand schon im März angekündigt, auf der Hauptversammlung eine Sonderausschüttung aus Kapitalrücklagen in Höhe von 20 Millionen Euro vorzuschlagen. Der Großaktionär Hubert Burda dürfte an dieser Ankündigung seine Freude haben. Ende 2009 hatte sein Verlag für 48 Millionen Euro 25,1 Prozent der XING-Anteile vom einstigen Gründer Lars Hinrichs übernommen. Zur selben Zeit übernahm der einstige BCG-Berater und spätere Ebay-Deutschlandchef Stefan Groß-Selbeck auch den Vorstandsvorsitz von Hinrichs.

Inzwischen hält Burda bereits 29,9 Prozent der XING-Anteile. Würde das Verlagshaus noch ein paar Aktien mehr kaufen und die 30 Prozent überschreiten, wäre es *zu einem Übernahmeangebot an die anderen Aktionäre verpflichtet. So lange XING indes als verlässliche Cash-Cow dient, gibt es für einen solchen Schachzug seitens Burdas wohl keinen Anlass. Wenig Interesse dürfte der Großaktionär auch an Risiken haben, die eine teure Entwicklung technisch anspruchsvoller Features oder gar ein erneuter Internationalisierungsversuch mit sich brächten.*

Einigen Aktionären geht die Macht Burdas inzwischen schon zu weit. Deutlich wird dies am Tagesordnungspunkt sechs der anstehenden Hauptversammlung. Dort schlagen der Vorstand und der bislang dreiköpfige Aufsichtsrat vor, die Anzahl der Aufsichtsräte auf sechs zu verdoppeln. Um zu verhindern, dass ein weiterer auf der Linie Burdas liegender Aufsichtsrat gewählt wird, hat die Investmentaktiengesellschaft für langfristige Investoren TGV entschieden, eine eigene Kandidatin ins Rennen zu schicken. „Allein der Umstand, dass es einen solchen Gegenantrag gibt und man sich vorher nicht einigen konnte, lässt aufhorchen", sagt ein Insider. Dass sich Aufsichtsrat und Vorstand mit ihren Vorschlägen durchsetzen werden, ist allerdings keine Frage.

Viadeo könnte der lachende Dritte sein

Schwieriger zu beantworten ist die Frage, ob sich XING mit der gewählten Fokussierung auf den deutschsprachigen Markt und hohen Ausschüttungen statt Investitionen langfristig gegen die internationale Konkurrenz durch-

setzen kann. Allein die Präsenz von LinkedIn in Deutschland dürfte den Druck auf die Hamburger hoch halten
und XING möglicherweise dazu zwingen, die Funktionen
der Basis-Mitgliedschaft zu erweitern. Das wiederum
könnte dem Geschäft mit den Premium-Mitgliedschaften
abträglich sein. Hinzu kommt, dass die Ausrichtung auf
Bezahlkunden sich nur bedingt mit einem Anzeigengeschäft verbinden lässt, bei dem Masse nötig wäre.

Dass es indes möglich ist, gegen ein mehr als 100 Millionen Mitglieder zählendes Netzwerk wie LinkedIn zu
bestehen, zeigt ausgerechnet ein anderes europäisches
Business-Netzwerk: das in Paris ansässige Unternehmen
Viadeo. Es zählt weltweit rund 35 Millionen Nutzer.

Während der amerikanische Weltmarktführer LinkedIn
vor allem in englischsprachigen Ländern wie den Vereinigten Staaten, Großbritannien, Indien, Australien und
Neuseeland zuhause ist, machen die Franzosen bislang
das Rennen in Frankreich, Spanien, Italien, China, Brasilien und Mexiko. Doch auch in Indien ist das Netzwerk,
das längst profitabel arbeitet, Marktführer.

Tianji, Apna Circle und Unyk:
Anpassung an den lokalen Markt

Im Gegensatz zu LinkedIn setzt Viadeo auf das, was
XING in Deutschland bislang so stark macht – die Anpas-
sung an den lokalen Markt. So nennt sich das Netzwerk

89

in China „Tianji", in Indien „Apna Circle" und in Brasilien „Unyk". Nur in Europa verwendet das Unternehmen den Namen „Viadeo". Je nach Landessitten werden die Möglichkeiten, andere Mitglieder zu kontaktieren, eingeschränkt oder erweitert. Außerdem setzt Viadeo – so wie XING – auch auf die Offline-Welt, also auf After-Work-Treffen, Kongresse, Tagungen und gemeinsame Golfkurse seiner Mitglieder.

Nach Angaben des Viadeo-Geschäftsführers Dan Serfaty erwirtschaftet das Unternehmen bisher rund 50 Prozent seiner Erlöse aus Premiumabos, 30 Prozent aus der Jobvermittlung und 20 Prozent aus dem Anzeigengeschäft.

An der Börse ist Viadeo bislang nicht notiert. Dafür gibt es nach Ansicht Serfatys gute Gründe. In einem Interview mit dem US-Wirtschaftsmagazin Fast Company sagte er kürzlich: „Ich glaube, dass der Börsengang XING das Leben gekostet hat."

GEOSOZIALE NETZWERKE LIEGEN IM TREND: DU AUCH HIER?

Warum geben Menschen freiwillig die privatesten Informationen über sich preis, stellen Urlaubsbilder ins Netz und plaudern auf öffentlichen Portalen über ihren Arbeits- und Familienalltag? Bei jüngeren Internetusern kann man dieses Mitteilungsbedürfnis auf jugendlichen Leichtsinn zurückführen, aber warum Erwachsene, Geschäftsleute und

Fachkundige? Sie tun es ganz bewusst, weil sie die Vorteile der sozialen Netzwerke schätzen, genau wissen, wie sie ihre Privatsphäre schützen können, und darüber hinaus erkennen, welchen geschäftlichen Nutzen sie daraus ziehen können.

So ist es kein Wunder, dass auch geosoziale Netzwerke immer mehr Zulauf von erfolgreichen Männern und Frauen bekommen. Und das, obwohl Datenschützer große Vorbehalte gegenüber diesen standortbezogenen Diensten haben, weil die freiwillige Ortung den gläsernen Menschen scheinbar perfekt macht. Weil ich selbst davon überzeugt bin, dass die Vorteile dieser location-based Social Networks die Nachteile überwiegen, möchte ich auch Ihnen die Funktionsweise der Dienste näherbringen.

Mitgründer des bisher erfolgreichsten geosozialen Dienstes Foursquare, Dennis Crowley, wollte Städte leichter nutzbar machen und bringt damit das Ziel aller standortbasierten Dienste auf den Punkt: Sie verbinden die sozialen Onlinenetzwerke mit dem realen Leben. Während bei Twitter oder Facebook stetig gepostet wird, was man gerade macht, werden die Statusmeldungen hier um die Information erweitert, wo man es tut. Die neuen Netzwerke versehen alle Informationen, also Mitteilungen, Fotos, Videos oder selbst erstellte Point-of-Interests mit Ortsangaben. Die meisten Dienste könnten also als eine Mischung aus Facebook und Stadterkundungsspiel charakterisiert werden, bei dem Nutzer weltweit Stadtpläne online mit Tipps und Aufgaben spicken und sich mit Freunden, die sie bereits kennen, oder auch fremden Leuten im Netzwerk über ihre Standorte und deren Besonderheiten austauschen. Aus den mit Ortsdaten versehenen informellen Wissenshappen entstehen so Stadtführer mit Insidertipps. Im Gegensatz zu herkömmlichen Plattformen konzentrieren sich diese sozialen Netzwerke fast ausschließlich auf die mobile Nutzung per Handy, da die Dienste mit moderner Ortungstechnik via GSM, GPS und WLAN arbeiten, um die Nutzer auf Wunsch zu lokalisieren und diese dann einzuchecken. Wenn Sie also im Besitz eines Multimedia-Handys mit GPS-Empfänger und Internetanschluss sind, erfüllen Sie schon mal die wichtigste Voraussetzung, um die Dienste für sich zu nutzen. Jetzt müssen Sie nur noch die Software installieren, die Sie meist als App erwerben können.

Geosoziale Netzwerke geschäftlich nutzen

Ich schätze das Ortsnetzwerk, weil es mich mit Menschen zusammenbringt. Wie bei jedem sozialen Netzwerk ist auch hier der Grundgedanke, in Kontakt zu bleiben und neue Bekanntschaften zu schließen. Durch diese neuen Dienste kann ich nicht nur jederzeit abrufen, wo sich meine Familie, meine Freunde oder mein Auto befindet, sondern ich ziehe auch geschäftlichen Nutzen daraus. Während bei Plattformen wie Facebook der erste Kontakt oft zunächst online geknüpft wird und bis zum ersten Treffen Wochen vergehen können, steht man den anderen Usern, die man über die geosozialen Netzwerke kennenlernt, sehr viel schneller persönlich gegenüber. Das nutze ich vor allem auf Geschäftsreisen. Wenn ich beispielsweise zu einem Vortrag eingeladen bin und abends im Hotel sitze, checke ich mich über meinen Lieblingsdienst auch virtuell im Hotel ein und lasse abfragen, welche meiner Freunde und geschäftlichen Kontakte in der Nähe sind. Ein unverhofftes Treffen mit guten Freunden und/oder neue Bekanntschaften mit potenziellen Geschäftspartnern sind seitdem keine Seltenheit mehr. Auch kurz „Hallo" zu sagen, wenn ich bemerke, dass ein Bekannter im Café nebenan sitzt, führt zumindest dazu, sich bei dem anderen wieder in Erinnerung zu rufen.

Möchte man die Stadt erkunden oder gut essen gehen, haben diese Dienste auch den angenehmen Vorteil, dass man sich nicht mehr auf Tipps im Hotelprospekt verlassen muss. Sobald ich meine Position bekannt gebe, ploppen Empfehlungen anderer Netzwerkteilnehmer zu Restaurants, Cafés und Sehenswürdigkeiten auf. Da waren schon richtige Schmuckstücke dabei, die in keinem normalen Reiseführer verzeichnet sind. Der Austausch über die Güte des Essens oder die Attraktivität eines Sightseeing-Objektes führt nicht selten zu interessanten Gesprächen. Selbstverständlich muss man selbst bereit sein, den einen oder anderen Geheimtipp zu verraten. Denn wie alle anderen sozialen Netzwerke funktioniert auch dieses nur durch ein ausgewogenes Geben und Nehmen.

Potenziale für Werbetreibende

Damit den Nutzern das Geben nicht so schwerfällt, wird es einerseits von den Diensten selbst belohnt, andererseits erkennen einige Unternehmen bereits den Trend und nutzen ihn für die Eigenwerbung. Schon mit dem Aufkommen der sozialen Netzwerke hat bei vielen Dienstleistern ein Umdenken stattgefunden. Sie erkennen, dass Verbraucher ihre Informationen über Produkte sowohl online (Preisvergleiche und persönliche Empfehlungen via Twitter, Facebook, Blogs und Co.) als auch offline (klassische Werbung) einholen, und haben ihre Marketing- und Kommunikationsstrategie entsprechend angepasst. Jetzt begünstigt der Trend zu standortbezogenen Netzwerken standortbezogene Werbung und bietet neue Wege der Kundenbindung.

Namhafte Unternehmen wie Pepsi oder Warner Bros. haben bereits mit Foursquare Partnerschaften geschlossen. In Deutschland will Vodafone mit einer Marketingaktion die User auf sich aufmerksam machen. Die einfachste und naheliegendste Werbeform ist es, die Nutzer, die sich in der näheren Umgebung aufhalten, gezielt mit Werbung zu bedienen oder Informationen aus dem eigenen Unternehmen (z.B. Stellenanzeigen) als „Tipps" zur Verfügung zu stellen. Dazu bietet Foursquare auf seiner Plattform heute Möglichkeiten.

Schon zu Zeiten, als Tante-Emma-Läden noch das Stadtbild prägten, lockten Preisvergünstigungen Kunden an, die es dann Familie und Freunden weitererzählten. 1901 wurden die ersten Rabattmarken eingeführt und 2000 führte die Loyalty Partner GmbH die Pay-back-Karte als effektives Mittel zur Kundenbindung ein. Setzen sich die geosozialen Dienste durch, haben wir alle wieder mehr Platz im Geldbeutel und der Plastikkartenwust könnte bald der Vergangenheit angehören. Denn jeder Check-in könnte auf Wunsch automatisch auf der virtuellen Kundenkarte registriert werden. Die Dienstleister hätten einen zusätzlichen Gewinn. Denn der Nutzer empfiehlt bei jedem Check-in die Einrichtung indirekt weiter, indem jeder seiner Freunde erfährt, wo er sich gerade aufhält und häufig hingeht. Gleichzeitig kann er ganz bewusst Empfehlungen hinterlassen.

Einige Dienstleister, vor allem in den USA, forcieren dieses Kundenverhalten schon heute zusätzlich, indem sie reale Geschenke in Form von Gratisgetränken und anderen Extras in Aussicht stellen, die auf dem Handy aufploppen, sobald sich ein Nutzer in die Nähe des Geschäfts oder Cafés eincheckt. Darüber hinaus können Unternehmen in Kooperation mit den Diensten „branded Badges" für Aktivitäten ausgeben lassen, die direkt mit dem Unternehmen zu tun haben. Bereits jetzt arbeitet der Dienst Foursquare beispielsweise mit dem öffentlichen Transportsystem BART (Bay Area Rapid Transit) zusammen und bietet gemeinsam spezielle Badges an, die man bekommt, wenn die öffentlichen Verkehrsmittel benutzt werden. In San Francisco verteilen Verkehrsbetriebe Gratisfahrscheine nach dem Zufallsprinzip an „eingecheckte" Fahrgäste – aber auch gemeinnützige Aktionen animieren Kunden dazu, ein bestimmtes Geschäft oder eine gastronomische Einrichtung zu besuchen. So spendeten die beiden Dienste Foursquare und Gowalla bei einer Aktion unter dem Titel „Check in for Haiti" für jeden Kunden, der sich am 8. Februar 2011 in bestimmten Lokalen eincheckte, 50 Dollar ans Rote Kreuz. Es liegt nun an der Kreativität der Dienstleister, wie intensiv sie die neuen Werbemöglichkeiten nutzen.

Foursquare

Da ich bereits mehrfach über den derzeit bekanntesten und erfolgreichsten geosozialen Dienst gesprochen habe, möchte ich Ihnen diesen näher vorstellen. Foursquare wurde einmal als Mischung aus Bürgermeister-Spiel, sozialem Netzwerk und Empfehlungsportal bezeichnet. Mitte März 2011 und somit etwa zwei Jahre nach Gründung durch Dennis Crowley und Naveen Selvadurai hatte es laut Techcrunch bereits 7 Millionen Nutzer in seinen Bann gezogen. Thomas Pfeiffer von den Webevangelisten kommt zu dem Schluss, dass es in Deutschland aktuell etwa 100.000 Foursquare-Nutzer gibt, die aus überwiegend jungen (19-35 Jahre), gebildeten und handyaffinen Männern bestehen. Insgesamt gibt es in Deutschland circa 100.000 angelegte Foursquare-Orte (sogenannte Venues), im Schnitt also alle 300 Meter einen, von denen 40.000 einen Mayor (jemand, der sich mindestens zweimal hier eingecheckt hat) haben. Auch in Deutschland bieten Unternehmen bereits Specials für Foursquare-Nutzer, z.B. das St. Oberholz in Berlin und München sowie Luigi Zuckermann in Berlin.

Wie funktioniert Foursquare? Beim Betreten des nächsten Cafés checken Sie ein und melden so automatisch allen Foursquare-Freunden Ihren aktuellen Standort via GPS. Ist ihr Lieblings-Café noch nicht als Ort (Venue) angelegt, können Sie das selbst übernehmen. Jeder Shop, jedes Restaurant, jede Bar, jeder Platz und jede Straße kann so registriert werden. So entsteht nach und nach ein großer Stadtplan. Alle angelegten Orte werden den Usern angezeigt, sobald sie in die Nähe kommen. Zusätzlich können Sie per Textnachricht darüber

99

informieren, was Sie dort tun. Darüber hinaus lässt sich jeder Ort per „Tipp" bewerten, den jeder Nutzer sofort abrufen kann und dadurch einen echten Mehrwert hat. Oder Sie legen gleich eine ganze Reihe interessanter Orte, z.B. Kneipen in einer Stadt, als „Trips" an und erstellen eine Kneipentour. Viele Insider führen den Erfolg von Foursquare auf das Wettkampfelement zurück. Foursquare verteilt an seine Nutzer Punkte und virtuelle Wimpel, die sich nach der Häufigkeit des Check-ins richten. Besonders fleißige „Einchecker" erhalten Orden (Badges). Eine wöchentliche Rangliste vergleicht die eigene Platzierung, mit denen der Freunde oder mit denen aller Foursquare-Nutzer in einer Stadt. Wer innerhalb von 60 Tagen am häufigsten ein Café oder Restaurant besucht, der darf sich „Mayor" dieses Ortes nennen und seinem Profilbild die Krone aufsetzen. In den USA hat dieser Status sogar reale Vorteile, denn einige Bars, Restaurants oder Clubs belohnen die „Bürgermeister" mit Vergünstigungen. Dass sich Leute mithilfe virtueller Plaketten motivieren lassen, sich bei Foursquare zu registrieren, regelmäßig einzuchecken und Tipps zu hinterlassen – darüber wundert sich selbst Dennis Crowley. Dabei ist das Verhalten ganz einfach auf die niederen Instinkte der Menschen (und vor allem von uns Männern) zurückzuführen: Erstens können wir dem Jagddrang nicht widerstehen und zweitens versuchen wir uns ständig mit anderen zu messen und den anderen zu übertrumpfen.

Gut kopiert ist halb gewonnen

Neben Foursquare gibt es eine Reihe anderer Dienste, die versuchen, auf den Erfolg von Foursquare aufzubauen, indem sie dessen Funktionsweise kopieren und erweitern. Die bekanntesten sind Gowalla[1], Glympse, der deutsche Dienst Friendticker, und natürlich lässt sich auch Google den Trend nicht entgehen. Google+ setzt natürlich auch auf den Geodienst. Die mobile Version zeigt die Aufenthaltsorte der Nutzer im Kartendienst Google Maps an und mit einem Klick erscheinen Kommentare, Links, Fotos und Videos.

Auch Facebook weiß, wo du gerade bist

Auch Branchen-Primus Facebook setzt auf Ortsdaten. Facebook-Chef Zuckerberg sprach bei der Vorstellung der mobilen Anwendung davon, dass es nicht Ziel des Mega-Netzwerkes sei, in Konkurrenz zu den etablierten Diensten zu gehen, sondern dass die bereits bestehenden Aktivitäten unterstützt werden. Klar ist sicherlich, dass die Vorteile der geosozialen Dienste durch den Einstieg von Facebook größer werden. So reicht ein Blick ins Profil und ich weiß, welcher meiner Freunde gerade zufällig auch auf demselben Volksfest, im Freibad oder auf der Skipiste ist.

Fazit: Von den Nutzerzahlen weltweit stehen die geosozialen Dienste noch ganz am Anfang der Entwicklung. Einige Skeptiker, wie Martin Weigert von Netzwertig.com, behaupten

---

1 Anm. d. Autors: Im Dezember 2011 von Facebook gekauft und im Dienst Facebook-Orte aufgegangen.

nicht ganz zu Unrecht, dass Location-Based-Services derzeit noch immer ein extremes Nischenphänomen sind, der Hype seiner tatsächlichen Bedeutung weit voraus ist und der Markt trotz der Vielzahl an Anbietern noch lange nicht erobert ist. Seine These stützt er auf eine Untersuchung des Marktforschungsinstituts Forrester Research, die im Rahmen einer Umfrage unter US-Anwendern die Bekanntheit und Nutzung von ortsbasierten mobilen Diensten wie Foursquare untersucht hat. Noch ist daher auch die Zahl der Unternehmen, die die Möglichkeit der „special offers" für Nutzer der geosozialen Dienste nutzen, verschwindend gering.

Einige Insider der Szene – zu diesen gehöre ich auch – glauben jedoch, dass Foursquare in kurzer Zeit Twitter überholen wird. Gestützt wird diese These von Juniper Research: Die Analysten schätzen, dass der Markt geobasierter Netzwerke bis 2014 einen Wert von 12,7 Milliarden Dollar haben könnte. Das Geld soll über App-Store-Verkäufe und Werbung im Rahmen der mobilen Anwendungen umgesetzt werden. Deshalb ist gerade im Hinblick auf die Möglichkeiten für Werbetreibende die Entwicklung unwahrscheinlich spannend. Digitale Kampagnen lassen sich an eine reale Anwesenheit der Kunden über das GPS-fähige iPhone koppeln und nutzen dabei automatisch alle viralen Kanäle wie Twitter und Facebook.

8

VIRALE VIDEOS ALS MARKETINGWERKZEUG IM SOZIALEN WEB

Wer bei Facebook oder anderen sozialen Netzwerken aktiv ist, kam nicht um ihn herum: den interaktiven viralen Werbespot „A hunter shoots a bear". Millionen Internetnutzer folgten der Aufforderung von Tipp-Ex, die Geschichte vom Camper, der Besuch von einem Bären bekommt, weiterzuspinnen. Verblüfft schauten Millionen von

YouTube-Besuchern zu, wie der Bär nach Eingabe eines Verbs tanzte, kochte oder kämpfte. Aber lassen sich mithilfe eines solchen Films tatsächlich mehr Umsätze generieren?

Fakt ist: Videos sind die meistgenutzte Informationsquelle im Internet. Deshalb nehmen Unternehmen teilweise viel Geld in die Hand, um ein Video zu drehen oder drehen zu lassen. Der erhoffte Erfolg lässt jedoch oftmals auf sich warten. Deshalb drängt sich die Frage auf: Ist der Erfolg von viralen Videos zufällig oder beeinflussbar? Bringen virale Videos außer Klicks auch steigende Umsatzzahlen? In diesem Kapitel will ich dieser Frage auf den Grund gehen.

Die Du-Röhre

Alles begann vor mehr als 15 Jahren, als schnelle Internetverbindungen auch in Privathaushalte Einzug hielten und die Internetgemeinschaft begann, Musik und andere Inhalte untereinander auszutauschen. Dazu brauchte es eine Plattform, auf die Inhalte gestellt und von anderen heruntergeladen werden können, eine Art öffentlichen Server. Die erste Internetseite, die das möglich machte, war IFILM.net, die 1997 als Sammlung für kurze Videos online ging. Die Filme konnten über den Windows Media Player oder ähnliche Player angesehen werden. 2002 wurde Flash MX veröffentlicht. Jetzt mussten die Videos nicht mehr heruntergeladen werden, sondern konnten als Flash-Datei direkt abgespielt werden. 2005 gründeten drei Mitarbeiter von PayPal YouTube, das am 9. Oktober 2006 von Google übernommen wurde. Die Marke YouTube blieb bestehen, somit auch der Betrieb mit 67 Mitarbeitern, darunter die Gründer Chad Hurley und Steve Chen.

Es ist DAS weltweit führende Videoportal und auf Platz 3 der meistbesuchten Websites im Internet. Nach Selbstauskunft von YouTube riefen bereits 2011 jeden Tag mehr als drei Milliarden Nutzer die Seite auf – deshalb ist es auch die zweitgrößte Suchmaschine. Als Kommunikations-Kanal und Marketing-Instrument nimmt es eine einzigartige Stellung ein und ist daher der ideale Weg, Inhalte per Video im Internet zu verbreiten. Als soziale Plattform eignet sich YouTube allerdings nur sekundär. Es gibt zwar soziale Features für Mitglieder, die meisten Besucher haben aber keinen eigenen Account, sondern schauen sich Videos an, ohne sich einzuloggen. Sie sollten YouTube vielmehr als Werkzeug betrachten, mit dem Sie kurze Filme für alle öffentlich zugänglich machen können. Binden Sie Ihre Videos lieber in Ihre Facebook- und Twitter-Beiträge ein und schaffen Sie darüber Aufmerksamkeit für Ihr Unternehmen und Ihre Produkte.

Virale Videos als Verbraucherwaffe

Die Anti-Werber

Die neue Macht der Verbraucher: Verärgerte Kunden, Hobby-Satiriker und Guerilla-Werber attackieren in Web-Videos Unternehmen und Produkte. Das Imagerisiko ist enorm – und Firmen können sich kaum dagegen wehren.

Marcell D'Avis, der Leiter für Kundenzufriedenheit des Internetdienstleisters 1&1, verrät in YouTube-Videos Geschäftsgeheimnisse: Das Unternehmen arbeite seit Jahren mit der russischen Mafia zusammen, seine Router seien billige Plagiate aus China. Die Clips sehen aus wie die 1&1-Fernsehwerbungen – doch natürlich handelt es sich nicht um die offizielle Version. Zahlreiche Nutzer haben die TV-Spots von 1&1 neu vertont und auf YouTube hochgeladen.

Die Videoplattform ist ein Ventil für frustrierte Kunden und Hobby-Satiriker. Verbraucher kommentieren Produkte und Firmen, Marken und Werbung. Jeder kann inzwischen sogar mit dem Handy ohne großen Aufwand eigene Videos produzieren oder bestehendes Material bearbeiten – und mit seiner Botschaft theoretisch Millionen von Menschen erreichen.

Pro Minute werden YouTube zufolge 35 Stunden Videomaterial hochgeladen, das entspreche wöchentlich etwa 176.000 Hollywood-Filmen. Etwa zehn Prozent aller Werbevideos auf YouTube sind Parodien oder private Gegenkampagnen. Die unkommerziellen Videos können zwar positiv zu Markenbekanntheit und Image beitragen, doch die neue Macht der Verbraucher ist auch ein Risiko für Unternehmen.

Erfolg und Wirkung der Anti-Firmen-Spots sind allerdings schwer kalkulierbar. „Je nach Skandalträchtigkeit der Botschaft kann die Zerstörungskraft riesig oder aber minimal sein", sagt Elisabeth Unverricht, die für die Kommunikationsagentur Argonauten G2 in Berlin Social-Media-Strategien entwickelt. Meist entstehe höchstens eine kurzfristige hitzige Diskussion. Problematischer seien Videos, die sich direkt mit dem Produktversprechen auseinandersetzen, es konterkarieren – und so eine längerfristige negative Wirkung entfalten können.

Welche Folgen ein negativ intoniertes YouTube-Video haben kann, zeigt der Eklat um die amerikanische Fluggesellschaft United Airlines. Mitarbeiter hatten beim Transport die 3.500-Dollar-Gitarre des Kanadiers David Carroll beschädigt. Da sich das Unternehmen neun Monate lang weigerte, eine Entschädigung zu zahlen, stellte der entnervte Musiker drei Country-Songs mit Titeln wie „United breaks guitars" online – und erreichte über YouTube etwa 13 Millionen Zuhörer.

Während Carroll durch den Verkauf von Online-Songs und Vorträge 2009 mehr verdiente als in den 20 Jahren zuvor, bescherte United Airlines die Ignoranz viel Negativ-PR. Der Konzern lenkte schließlich ein, erklärte sich bereit, den Schaden zu ersetzen und das Video zukünftig als Schulungsmaterial zu verwenden – um den Kundenservice zu verbessern. Im besten Fall sorgen die Videos der

Verbraucher damit für eine neue Transparenz, die Einfluss auf die Unternehmenskultur hat.

Manche der Videos zeigen auch, was hinter den Kulissen passiert: Zwei Mitarbeiter der amerikanischen Fast-Food-Kette Domino's Pizza hatten sich beispielsweise dabei gefilmt, wie sie sich Käse in die Nase stecken, eine Pizza damit belegen und das Essen anspucken. Das Unternehmen konnte die betroffene Filiale mithilfe von Internetnutzern schnell identifizieren und feuerte die beiden sofort. Dem Marktforschungsunternehmen YouGov zufolge schätzten Verbraucher die Qualität von Domino's Pizza vor dem Vorfall positiv, danach negativ ein. Der Skandal ist bis heute unter den ersten Treffern bei Google zu finden – und dürfte einigen potenziellen Kunden den Appetit verderben.

Mit Anti-Werbung Geld verdienen

Durch die Freiheit des Internets könne jeder Idiot mit einer Kamera das Image einer 50 Jahre alten Marke ruinieren, wetterte der Sprecher von Domino's Pizza. Eine Kommentatorin auf consumerist.com, nach eigenen Angaben ehemalige Domino's Mitarbeiterin, schreibt allerdings, dass ein solcher Umgang mit Essen bei Domino's auch in den achtziger Jahren vorgekommen sei – nur damals hätten „die Idioten" eben weder Digitalkamera noch YouTube gehabt.

Klagen, löschen – oder selbst präsent sein?
Gerissene Guerilla-Videoproduzenten wie Fernando
Motolese betrachten gegen Unternehmen gerichtete Kam-
pagnen sogar als lukratives Geschäftsmodell. „Produkt-
kritik und Anti-Werbung lassen sich im Internet zu Geld
machen", sagt der 27-jährige Brasilianer. Sein Ziel: Virale
Videos zu produzieren, die millionenfach geklickt werden
und an denen er zum Beispiel über Beteiligungen an
YouTube-Werbeeinnahmen verdient.

Bisher verzeichnen alle Videos seines YouTube-Kanals
Nerds Kamikaze zusammen gerade einmal 2,3 Millionen
Aufrufe. Motolese versucht auch anders auf sich auf-
merksam zu machen: Erst parodierte er in einem Musik-
video die Werbeversprechen für den Danone-Joghurt
Activia, dann schickte er dem Lebensmittelkonzern eine
Zahlungsaufforderung und drohte damit, noch kritischere
Produkt-Parodien zu veröffentlichen. Danone ging aller-
dings nicht darauf ein.

Viele Videos bleiben angesichts der Konkurrenz im Netz
unsichtbar oder werden schnell wieder vergessen. „Auch
Verbraucherspots müssen sich erst gegenüber einer
riesigen Flut von Online-Videoclips im Kampf um die Auf-
merksamkeit des Publikums durchsetzen", sagt Elisabeth
Unverricht von der Agentur Argonauten G2.

111

Abwarten ist allerdings eine risikoreiche Strategie, meist werden Unternehmen eher für die schnelle Reaktion auf das Geschehen im Netz belohnt. So schaltete sich etwa Domino`s Pizza via Twitter-Account und mit einer Video-botschaft des Geschäftsführers in die Diskussion um die Qualitätsstandards bei der Fast-Food-Kette ein und entschärfte die Diskussion. Firmen, die selbst auf YouTube präsent sind, profitieren bei Krisen davon, wenn ihre eigenen Videos auf hohen Suchmaschinenpositionen ranken und von Produktkritiken und Parodien nicht so leicht zu verdrängen sind.

Bei Marken- und Urheberrechtsverletzungen wie der Verwendung von Videos, Ton und Musik eines Unternehmens oder der Darstellung von falschen, vermeintlichen Fakten können die Firmen auch rechtlich gegen die Videos vorgehen. „Je bekannter die Marke ist und je mehr Leute den Clip gesehen haben, desto teurer kann es für den Videoproduzenten werden", sagt der auf Internetrecht spezialisierte Rechtsanwalt Carsten Ulbricht von der Kanzlei Diem & Partner in Stuttgart. Man müsse dann schnell 1.000, 2.000 oder 3.000 Euro zahlen. „Allerdings darf Parodie und Satire in Deutschland viel – und die Grenzen sind oft fließend." Zudem seien die Urheber des Videos schwer zurückzuverfolgen.

Viele Unternehmen begnügen sich damit, bei YouTube eine zentrale Löschung der Spots zu erwirken. Mit Verweis *auf eine Urheberrechtsverletzung ließ Volkswagen etwa den vermeintlichen VW-Spot zweier Kreativer aus Groß-britannien entfernen, in dem sich ein Terrorist in einem Polo in die Luft sprengt, ohne das Auto zu zerstören. Doch der Clip ist immer noch im Netz zu finden – meh-rere YouTube-Nutzer fanden den Spot anscheinend so gut, dass sie ihn später wieder hochluden.*

Furcht vor dem Streisand-Effekt

Das juristische Vorgehen gegen virale Videos ist um-stritten, denn oft stellt sich im Internet der sogenannte Streisand-Effekt ein: Der Versuch, Informationen zu un-terdrücken – wie bei Barbra Streisand, die gegen ein Online-Luftbild ihres Hauses klagte – macht die Internet-nutzer erst recht darauf aufmerksam und sorgt dafür, dass etwa auf ein kontroverses Video noch häufiger ver-wiesen wird.

Der Internetdienstleister 1&1 hat nicht vor, gegen die Online-Parodien der Marcell D´Avis-Spots einzuschrei-ten. „Als wir die Spots auf YouTube eingestellt haben, war uns natürlich klar, dass es zu Reaktionen kommen wür-de", sagt ein Sprecher. „Aber wir können keine Schäden feststellen." Die 1&1-Kampagne sei durch die Videos sogar noch weiter verbreitet worden. YouTube-Filme wie „Marcell D'Avis und die Mafia", „Marcell D'Avis wird gekündigt" oder „Marcell D'Avis sucht eine Frau" wurden bisher mehrere Hunderttausend Mal geklickt.

113

Ihr eigener Unternehmenskanal

Theoretisch sind eine einfache Kamera und eine schnelle Internetverbindung die einzigen Hilfsmittel, die Sie benötigen, um mit Ihrem Video Millionen von Nutzern zu erreichen. Ein Video auf YouTube einzustellen, ist kostenlos und technisch gesehen eine Leichtigkeit. Auch die Produktion eines qualitativ hochwertigen Videos ist mit den heutigen Möglichkeiten selbst für kleine Unternehmen keine große Herausforderung mehr. Und mit kleinen Budgets können sich Inhalt und Botschaft nach dem Schneeballsystem faktisch von selbst rasend schnell im Web verbreiten. Viel wichtiger als ein großer Werbeetat: Kreativität, Verständnis für Social Media und ein großes Onlinenetzwerk – denn ein Selbstläufer sind Videos nicht. Sowohl beim Drehbuch als auch bei der Bewerbung Ihres Videos sollten Sie einige Dinge beachten.

Zunächst einmal müssen Sie sich jedoch ein eigenes Nutzerkonto bzw. einen sogenannten Channel auf YouTube einrichten, den Sie individuell gestalten können. Als Erstes geben Sie sich einen Usernamen. Achtung: Er kann nicht verändert werden und bestimmt Ihre YouTube-URL, die die Kunden direkt auf Ihren Kanal leitet. Wenn Sie einen Unternehmenskanal einrichten wollen, verwenden Sie am besten den Firmennamen. Das Profilfeld ist fabelhaft geeignet, um sich selbst vorzustellen und Kontaktinformationen unterzubringen. Beim Gestalten Ihres Profils können Sie Ihr persönliches Hintergrundbild einbinden, zwischen verschiedenen Farben sowie Schriftarten wählen und Ihren Auftritt dem Corporate Design anpassen.

Videos können Sie in verschiedenen Formaten (wie bei-spielsweise AVI, MPEG, WMV oder Quicktime) hochladen, eine Videoauflösung von 480×360 Pixeln oder höher ist dabei empfehlenswert. Verwackelte, unscharfe Bilder oder ein schlechter Ton können zwar ein Stilmittel sein, müssen aber zum Inhalt passen. Professionelle Filme spiegeln in der Regel die Qualität Ihrer Produkte besser wider als Amateurfilme. Als Nächstes müssen Sie das Standbild wählen, das You-Tube-Besucher als Erstes sehen, wenn Sie Ihr Video finden. YouTube generiert automatisch drei Vorschläge. Wählen Sie ein markantes Standbild aus, das dem Betrachter sofort ver-mittelt, um was es in Ihrem Film geht, und das ihn neugierig macht.

Damit Ihr Video überhaupt gefunden wird und sich wie ein Lauffeuer verbreiten kann, sollten Sie es optimal auf die Such-funktion in YouTube anpassen. Schon bei der Wahl des Titels gilt: Verwenden Sie einen aussagekräftigen Titel, der bereits die wichtigsten ein bis zwei Schlüsselwörter zu den Inhalten des Videos enthält. Nutzen Sie die gesamte Länge des Be-schreibungstextes zu Ihrem Video aus, um im Fließtext die wichtigsten Schlüsselwörter unterzubringen. Sparen Sie auch nicht an Tags. Im Zweifelsfall lieber ein Schlagwort mehr. Um diese zu finden, überlegen Sie sich, wonach Sie suchen wür-den. Beginnen Sie mit spezifischen Begriffen, also mit allem, was das Video beinhaltet (Menschen, Orte, Dinge, die die Zuschauer sehen), und fügen Sie dann kategorische Wörter hinzu. So steigern Sie die Wahrscheinlichkeit, dass Ihr Video auf YouTube direkt gefunden wird und Sie höhere Klickzahlen erreichen, weil Ihr Video in der Ergebnisliste von Google öfter auftaucht. Denn die maximale Verbreitung Ihrer Inhalte ist ja schließlich Ihr Ziel.

Viele Nutzer, vor allem Parteien, erliegen aus Angst vor Kritik dem Fehler, Kommentare und Antworten auf Ihre Videos von vorneherein zu unterbinden. So erreichen Sie jedoch genau das Gegenteil. Damit Ihr Video möglichst schnelle und weite Verbreitung findet, sollten Sie den Nutzern erlauben, Ihr Video zu verlinken, einzubetten und zu verbreiten, zu kommentieren und zu bewerten. Dazu setzen Sie nach dem Hochladen des Videos in den Datenschutzangaben die entsprechenden Haken.

Nachdem Sie das Video hochgestellt, benannt, verschlagwortet und veröffentlich haben, ist die Arbeit noch nicht beendet. Es wäre ein großer Zufall, wenn Ihr Video von allein zum Erfolgsschlager wird und prompt auf die Liste der beliebtesten Videos kommt, die auf der Startseite von YouTube bekannt gegeben werden. Erst mit der Bewerbung des Videos auf den eigenen Social-Media-Kanälen geben Sie die Initialzündung für die gewünschte Viralität Ihrer Botschaften. Binden Sie Ihren Spot als Feed in Ihren eigenen Blog, auf Ihrer Facebook-Pinnwand, in Ihren Tweets und auf Ihrer Webseite über die Programmierschnittstelle (API) ein oder machen Sie in Ihrem Newsletter darauf aufmerksam. Das setzt natürlich voraus, dass Sie bereits in solchen Communitys verkehren und über ein großes Netzwerk verfügen. Wichtig ist, dass sich dort Kontakte befinden, die Ihnen vertrauen und bereit sind, Ihren Spot weiterzuempfehlen.

Anhand der Statistikfunktion YouTube-Insight können Sie jederzeit verfolgen, wie viele Zuschauer Ihre Videos wo und zu welcher Tageszeit angesehen, kommentiert oder bewertet haben. Dank dieser Reichweitenanalyse lässt sich Ihr Erfolg in Zahlen messen. Auch wird sichtbar, ob Sie Ihre gewünschte Zielgruppe auch erreichen.

Vom eigenen Video zum viralen Erfolg

Zur Ernüchterung eins vorweg: Ein YouTube-Hit lässt sich nicht am Reißbrett konzipieren und schon gar nicht kopieren. Noch weniger voraussagen lässt sich, ob sich der Erfolg Ihres Videos in harten Zahlen widerspiegelt. Nehmen wir den eingangs erwähnten Spot „a hunter shoots a bear". Keine Frage, der Spot wurde Millionen Mal angeklickt und weiterempfohlen. Aber ich teile die Meinung Alexander Grafs, Autor des Blogs „Kassenzone", dass das Produkt und das Unternehmen, das in dem Spot beworben wird, zum Medium Internet passen muss.

Wer auf YouTube, Facebook und Blogs unterwegs ist, ist in der Regel mit PC und digitalen Medien bestens vertraut und wird selten zu Tipp-Ex greifen, sondern eher zur „delete-" oder „entf-"Taste. Aber – und darum geht es bei viralen Videos – das Unternehmen hat eins erreicht: Aufmerksamkeit. Das etwas angestaubte Image als Hersteller eines prähistorischen Schreibtischutensils konnte es meiner Meinung nach korrigieren.

Deshalb haben wir auch noch eine Checkliste erstellt, wie Sie die besten Voraussetzungen dafür schaffen, dass Ihr Video virale Wirkung entfaltet und Aufmerksamkeit für Ihre Botschaft erhält.

1. Die wichtigste Regel lautet: Setzen Sie Videos nicht um ihrer selbst willen ein oder weil es gerade „in" ist. Videos wirken nur, wenn sie für die Marke oder die Botschaft eine Relevanz haben und richtig eingesetzt werden.

2. Welche Eigenschaften sollte ein Video haben, damit ich es meinen Freunden weiterempfehlen kann? Was es auf keinen Fall sein darf: plumpe Werbung. Nutzer von sozialen Medien reagieren besonders empfindlich auf solche Versuche. Einzige Ausnahme: Ihr Spot ist extrem gut gemacht, unterhaltsam oder informativ. Gestalten Sie Ihren Beitrag so unkommerziell wie möglich. Stellen Sie nicht die Produkte in den Vordergrund, sondern die Markenbotschaft und verpacken Sie sie charmant.

3. Schon die ersten Sekunden entscheiden über „sein oder nicht sein". Während bei Kinofilmen gilt „je länger desto besser", gilt für Videos, die sich viral verbreiten sollen, genau das Gegenteil. Der Film sollte möglichst kurz (30 bis 120 Sekunden) sein, denn so schnelllebig wie das Internet ist auch die Aufmerksamkeitsspanne der Nutzer. Je kürzer das Video, desto höher die Wahrscheinlichkeit, dass es vollständig bis zum Ende angesehen wird.

4. Abgesehen von der Länge, müssen Videos, die ich weiterempfehle, genau den Eigenschaften eines Blockbusters entsprechen. Es muss überraschend,

humorvoll, emotional, unkonventionell und vor allem authentisch sein.

Je unterhaltsamer, spannender, witziger oder ungewöhnlicher der Inhalt, desto höher die Wahrscheinlichkeit, dass der Spot bei den Nutzern ankommt. Da die Internet-Nutzer nur so von Information überflutet werden, bedarf es deshalb besonders scharfer Geschütze, um ihre Aufmerksamkeit zu erreichen. Im Zweifelsfall greifen Sie auf die alte Werbeweisheit zurück: Sex sells.

5. Besonders wichtig: Der Spot muss den Zuschauer emotional ansprechen. Wenn mich ein Film berührt oder glücklich macht, dann will ich diese Gefühle mit meinen Freunden teilen. Das Gleiche gilt für besonders witzige Videos.

Soll Ihr Spot internationale Verbreitung finden, müssen Sie jedoch beachten, dass Humor geografische Grenzen hat. Denken Sie an britischen Humor – nicht jeder kann darüber lachen.

6. Stellen Sie sich einen Actionthriller, einen Horrorfilm oder ein Drama ohne Musik vor. Wahrscheinlich würden Sie bei den spannendsten Szenen nur müde gähnen.

Musikclips sind außerdem die Videos, die die meisten Zuschauer auf YouTube haben. Deshalb darf die musikalische Untermalung Ihres Inhalts auf keinen Fall fehlen.

7. Sprechen Sie die Zuschauer direkt an und steigern Sie den Nutzen Ihres Videos, indem Sie sie zu konkreten Handlungen auffordern.

119

Kombinieren Sie die Aufforderung mit einem Anreiz, indem Sie über den Film beispielsweise einen Code verbreiten, der zu speziellen Angeboten in Ihrem Online-Shop führt. So können Sie den Erfolg Ihrer Marketingmaßnahme gleich messen. Um es den Usern möglichst einfach zu machen, Ihrem Wunsch zu folgen, arbeiten Sie dabei mit direkten Links.

lieber jürgen, hier spricht dein intelligenter bordcomputer. diagnose: totalschaden. du befindest dich im dead creek valley. bekannt für sein reiches wildvorkommen. vor vier stunden bist du an einem mehrfach ausgezeichneten diner mit regionaler küche vorbeigefahren. in 200 km entfernung finden jährlich indianische folklore-jamborees statt. die bezirkshauptstadt mont morlay ist sieben autostunden entfernt. wenn du eine liste der dortigen sehenswürdigkeiten hören willst, sage: >ja<. eine autowerkstatt ist fussläufig ausser reichweite. das mobilfunknetz ist seit dreissig kilometer ohne empfang. mit anderen worten: du bist im arsch!

WAS KOMMT NACH DEM WEB 2.0?

L angsam – und von den meisten bisher unbemerkt – verändert sich das Netz. Institute und Projektgruppen beschäftigen sich abseits der breiten Internetgemeinde mit der Fragestellung: Wohin soll das alles führen? Begriffe wie „Web 3.0", „semantisches Web" und „Web of Data" schwirren durch den digitalen Kosmos. Aber was steckt hinter den Begriffen und wie nah sind wir einer erneuten Internetrevolution?

Web 1, 2 oder 3?

Um zu verstehen, wie das aussieht, was man umgangssprachlich unter Web 3.0 fasst, werfen wir zunächst einen Blick auf die Vorgängerversion. Das Web 2.0 wird von vielen mit dem Begriff „soziales Netz" verbunden. Es geht um das Suchen und Finden, das Multiplizieren und vor allem das Teilen von Wissen und Informationen, die die Internetnutzer großteils selbst generiert haben. Im Vordergrund stehen das Vernetzen, das gemeinsame Arbeiten und das gemeinschaftliche Indexieren, neusprachlich auch „Tagging" genannt. Dafür braucht man Plattformen, die für alle Nutzer frei zugänglich sind, und so traten YouTube, Wikipedia, Facebook, Twitter, Flickr und andere sozialen Plattformen und Blogs ihren Siegeszug an.

Im Web 3.0 soll nach der Vernetzung der Nutzer nun die Vernetzung der Informationen folgen und zwar automatisiert. Der Begriff Web 3.0 wird oft gleichgesetzt mit dem semantischen Web. Dieses ist von der Vision Tim Berners-Lees, des Erfinders der Internetsprache HTML und damit des heutigen Internets, geprägt. Der Wiener Semantic Web Company wie auch Berners-Lee würden die Begriffe Web 2.0 und Web 3.0 selbst nie über die Lippen kommen. Der nächste große Schritt des Webs beschreibt die Semantic Web Company lieber mit „Daten statt Informationen".

Worum es geht

Das heutige Internet besteht in erster Linie aus Text, Bildern, Videos und Dokumenten, deren mannigfaltige Informationen für den Rechner, für die Programme und Suchmaschinen nur

124

bedingt inhaltlich verständlich sind. Mehrdeutigkeiten und mehrere Begriffe für einen Gegenstand oder Sachverhalt kann der Rechner weder unterscheiden noch kann er die Inhalte einer Datei verstehen, weil er ihre Bedeutung nicht kennt. Mit semantischen Technologien lassen sich Produkte, Inhalte, Autoren, Hersteller, Personen usw. untereinander inhaltlich, strukturell, kontextuell auswerten, einordnen und verknüpfen. Während Computerprogramme heute Informationen mithilfe von Schlagwörtern oder Inhaltsfragmenten finden, können sie in Zukunft auch eigenständig deren Bedeutung ermitteln, sie in Beziehung zu anderen Informationen setzen, als Ordnungssysteme modellieren und nach bestimmten Regeln logische Schlüsse daraus ziehen. Das heißt, dass die Daten unabhängig von ihrer Einbettung in einer Anwendung, auf einer Plattform oder innerhalb einer Domain verarbeitet werden können.

Das klingt alles hochtechnologisch und theoretisch. Was aber heißt das konkret und welchen Nutzen haben die einfachen Internetuser davon? Der Informationszuwachs im Web ist unaufhaltsam. Die Menge erzeugter, erfasster oder replizierter Informationen wird täglich größer. Das Problem des „Information Overload" wirft nicht nur die technische Frage auf, wo die Daten gespeichert werden sollen, sondern auch solche, die den Nutzen des Internets betreffen: Wenn Informationen so schnell entstehen und sich ständig multiplizieren, wie soll es dann langfristig möglich sein, die richtigen Informationen, zur richtigen Zeit am richtigen Ort zu erhalten? Ein echter Ausweg aus dem Dilemma bringt nach Expertenmeinung die Logik des semantischen Webs. Man muss künftig nicht erst überlegen, wie man eine Frage am besten in Schlagwörter umformuliert, damit die Suchmaschine auf Anhieb die richtige Antwort ausspuckt, sondern man gibt seine Frage direkt ein. Dann erhält man auch keine Liste von Webseiten, die die Antworten enthalten könnten. Die semantische Suchmaschine interpretiert die Frage selbstständig und gibt direkt die richtige Antwort. Dadurch vereinfacht sich die Suche und erhält wieder ihren ursprünglichen Charakter. Die Funktionsweise einer semantischen Suchmaschine lässt sich heute schon am Beispiel von www.WolframAlpha.com ausprobieren. Die korrekten Antworten beschränken sich hier jedoch vor allem auf den wissenschaftlichen Sektor, da hier Fragen und Antworten relativ eindeutig und wissenschaftliche Inhalte im Internet heute schon gut strukturiert sind.

Die Spitze des Eisberges

Das semantische Web vereinfacht aber nicht nur die Suche im Internet. Computer können mithilfe des semantischen Webs Informationen über Orte, Personen und Dinge miteinander in Beziehung setzen. Bei einer Reise etwa könnten Wetterdaten und Staumeldungen in Bezug zu Informationen über mögliche Haltestellen und Vorlieben des Reisenden gesetzt werden. Wo geosoziale Dienste schon heute, dank subjektiver Bewertungen der Nutzer, Auskunft über die Qualität des Kaffees im nächsten Bistro geben, erfahren die Gäste auch, wie die Hygieneverhältnisse in der Küche sind, weil sie automatisch mit den Daten des Gesundheitsamts zusammengebracht werden.

Wo heute noch Wohnungsmärkte in Zeitungen durchstöbert werden müssen und endlose Telefonate und Behördengänge nötig sind, teilt der Nutzer dem PC künftig einfach mit: „Ich möchte von Berlin nach Hamburg ziehen." Das Programm ermittelt eigenständig die passenden Angebote für die Wohnungssuche, den Umzug und die Anmeldung des Wohnsitzes und koordiniert sie. Dazu müssen vorhandene Daten in öffentlichen Verwaltungen jedoch frei zugänglich sein. Unter dem Schlagwort „Open Government Data" fordern deshalb Institutionen wie die Semantic Web Company die Offenlegung dieser Daten. So könnten dank des semantischen Webs auch verschiedene geografische und demografische Daten eindeutig und automatisch einer Gegend zugewiesen werden. Oder Aussagen darüber treffen, wie die potenzielle neue Wohnnachbarschaft aussieht, die Anzahl der Sonnentage pro Jahr, Kriminalitätsstatistiken, Mietpreise etc.

Und der wirtschaftliche Nutzen? Die inhaltliche Beschreibung reduziert die Kosten für das Auffinden von Informationen im Internet nicht nur für Privatpersonen, auch Unternehmen sparen Zeit und damit wichtige Ressourcen. Außerdem eröffnet das semantische Web auch dem Onlinehandel neue Perspektiven. Einige Onlineshops arbeiten bereits mit diesen Ansätzen. Der Suchfunktion des Onlinehändlers Home of Hardware reichen vage Beschreibungen wie „klein", „leicht", „mittelpreisig" und sie spuckt eine relativ passgenaue Auswahl an Produkten aus. Ich muss im Web 3.0 also keine genauen Angaben zu Gewicht, Größe und Preis angeben – diese Dinge weiß das Web schon.

Wie alle technischen Errungenschaften hat auch das semantische Web eine Kehrseite. Es wird vor allem Fragen des Schutzes der Daten und der Privatsphäre aufwerfen. Bedenken, Partyfotos in sozialen Netzwerken könnten den potenziellen Arbeitgeber irritieren, oder Diskussionen darüber, dass soziale Netzwerke persönliche Daten im großen Stil an Unternehmen zu Werbezwecken verkaufen, wirken angesichts dessen, was im semantischen Web möglich ist, nur noch lächerlich.

Fiktion, Zukunftsmusik oder greifbare Realität?

Das semantische Web ist längst keine futuristische Idee von Internetfreaks mehr. Denn selbst die Deutsche Bundesregierung hat ein Forschungsprogramm mit dem Ziel ins Leben gerufen, „den Zugang zu Informationen zu vereinfachen, Daten zu neuem Wissen zu vernetzen und die Grundlage für die Entwicklung neuer Dienstleistungen im Internet zu schaffen".

Darüber hinaus beschäftigen sich Informatiker der Freien Universität Berlin seit Langem mit dem Semantic Web und haben für das Bundesministerium für Bildung und Forschung die Forschergruppe „Corporate Semantic Web" eingerichtet. Sie soll den Einsatz von Web 3.0 in Unternehmen vorantreiben und dabei neue Verfahren und Technologien zur Suche, zur Ontologie-Erstellung und zu semantisch unterstützter Gruppenarbeit untersuchen.

Die EU startete 2006 ein 40-monatiges Projekt unter dem Namen SemanticGov mit dem Ziel, eine EU-weite behördliche Infrastruktur auf Basis von Semantic-Web-Services aufzubauen.

Auch in der Wirtschaft wird mit dem semantischen Web experimentiert. Auf www.semantisches-web.net werden Beispiele aus der Wirtschaft gezeigt. Sie geben eine Ahnung davon, wie das semantische Web die Wirtschaft, die Verwaltung, ja das ganze Leben verändern wird.

Quo vadis?

Die ständig wachsende Flut von Informationen im Internet macht nicht nur die Suche im Internet immer schwerer, auch wird sie für die Suchmaschinen selbst zur zunehmenden Bedrohung. Deshalb experimentieren und forschen mittlerweile alle großen Suchmaschinen-Unternehmen im Bereich Metadaten und semantisches Web. Mitte Juni 2010 gab Google bekannt, das US-Unternehmen Metaweb übernommen zu haben. Jenes betreibt die offene semantische Datenbank Freebase, deren Ziel es ist, das Wissen der Welt in geordneter und strukturierter Form zu sammeln. Nicht das Sammeln von enzyklopädischem Wissen für den menschlichen Leser, sondern von Listen, Referenzen und Datensätzen steht im Vordergrund. netzwertig.com-Redakteur Martin Weigert bringt es auf den Punkt: „Freebase ist quasi ein Wikipedia für Maschinen." Mithilfe von Metaweb kann Google die Suchergebnisse verfeinern, denn es hilft ihm, die Inhalte auf Milliarden von gescannten Websites besser zu verstehen.

Die Chancen, dass Google die erste semantische Suchmaschine wird, stehen auch deshalb gut, weil es als am meisten benutzte Suchmaschine der Welt auf den größten „Erfahrungsschatz" und das Suchverhalten von Millionen von Usern zurückgreifen kann. Aber auch Googles größter Konkurrent Facebook bewegt sich verstärkt auf dem Gebiet des semantischen Webs. Es hat die Gemeinschaftsseiten eingeführt und erstellt darüber personen- und themenbezogene Netze. Interessen werden nicht mehr durch das Eintragen von Worten ausgedrückt, sondern durch Verbindungen zu Personen und Seiten.

Die Gemeinschaftsseiten dienen als Sammelstelle dieser Verbindungen. Der Facebook-Nutzer erhält automatisiert Vorschläge für Seiten, die passend zu den persönlichen Profilangaben ausgewählt wurden. Diese Vorschläge ersetzen die bisherigen Interessen. Dadurch bringt Facebook immer mehr Nutzer dazu, sich den Gemeinschaftsseiten anzuschließen. Auf diesem Weg könnte es ihm gelingen, das weltgrößte semantische Netzwerk zu etablieren.

Die größte Hürde, die das semantische Web nehmen muss, liegt in der Komplexität der Technologie. Entwickler, vor allem aber Anwender stehen da vor großen Herausforderungen. Wichtig ist aber zunächst einmal, den Bekanntheitsgrad und die öffentliche Relevanz zu steigern. Erst dann werden Unternehmen einen klaren wirtschaftlichen Nutzen erkennen und die notwendigen Investitionen in die entsprechenden Technologien und Anwendungen tätigen. Dass sich die zwei weltweit führenden Internetfirmen mit dem semantischen Web beschäftigen, dürfte sich bald herumsprechen und die Aufmerksamkeit auf das Thema lenken. Das Zeitalter des Web 3.0 dürfte langsam, aber sicher beginnen.

GOOGLE+:
DAS NEUE FACEBOOK?

Lange Zeit war Facebook das Nonplusultra der Social Media Plattformen. Kleinere Plattformen wie „wer-kennt-wen" und „meinVZ" mussten sich nach und nach der Übermacht des Portals beugen. Doch auch Facebook ist nicht fehlerlos – und genau da setzt der Mega-Konzern Google mit seiner Plattform an.

Google+: Wer braucht noch XING und LinkedIn?

Wenn man derzeit über Google+ diskutiert, dann kommt grundsätzlich das Thema „Facebook-Killer" auf, aber das lenkt meines Erachtens etwas vom Thema ab. Facebook hat eine massive Nutzerbasis und bietet auf der Ebene von Familien und Freunden eine gelernte Einfachheit beim Teilen von Bildern, Status Updates oder beim gemeinsamen Spielen.

Google+ wird XING und LinkedIn massiv Probleme bereiten

Warum? Ganz einfach. Bislang nutzt man XING und LinkedIn, um seine Business-Seite vernünftig abbilden zu können. Es geht also primär um die Pflege von geschäftlichen Kontaktdaten, die Vernetzung mit Kollegen, Geschäftspartnern und Leuten, die einem auf Steh-Empfängen ihre Visitenkarte gegeben haben. Noch dazu gibt es Diskussionsforen, wo über angeblich Business-relevante Themen diskutiert wird. Mittlerweile bieten XING und LinkedIn auch Status Updates an, die aber zumindest bei XING kaum genutzt werden.

Google+ bietet Circles, um die Kontakte besser zu sortieren. Ich kann mir also mein eigenes, wie auch immer geartetes Schema ausdenken, kann Leute in verschiedene Circle packen oder ganz ignorieren. Das ist schon mal sehr praktisch. Noch dazu kann ich mein Profil so anpassen, *dass nur ausgewählte Kreise beispielsweise meine Kontaktdaten sehen können.*

Was bedeutet das? Mit Google+ kann ich über eine Plattform meine Business-Welt ansprechen, genauso wie ich witzige animierte Katzen-GIFs posten kann. Ich bekomme eine Granularität, die bislang nur über separate Plattformen möglich war, weil natürlich animierte Katzen-GIFs in einem seriösen Business-Kontext nichts zu suchen haben. Google Profile werden bei einer Milliarde Nutzern von Google sicherlich nicht unüblich werden und schon haben XING und LinkedIn ein massives Problem. Noch dazu dürfte es bei Google+ in absehbarer Zeit die Einbettung vorhandener Dienste aus dem Google Universum geben, was dann mit Google Docs beispielsweise ein wunderbares Collaboration-Tool verfügbar macht, was dann nicht nur die Vernetzung auf Google+ erlaubt, sondern auch die Zusammenarbeit ermöglicht. Und natürlich kann man Google Hangouts nicht nur als Chatroulette mit anderen Mitteln nutzen, sondern in einem Business-Kontext auch als einfache Video-Konferenz mit vielen Teilnehmern. Dagegen sehen XING und LinkedIn aus wie simple Adressbücher.

Wir dürfen gespannt sein, was XING und LinkedIn der Innovationsgeschwindigkeit von Google+ entgegenzusetzen haben.

Freund ist nicht gleich Freund

Die Bezeichnung „Freund" im Portal Facebook war ja schon immer ein bisschen umstritten. Wer qualifiziert sich denn überhaupt so als „virtueller" Freund? Mit dem Chef versteht man sich ja eigentlich prächtig, aber will man wirklich, dass er auch die Partybilder vom letzten Mallorca-Urlaub ansehen kann? Soll er wirklich mitlesen können, wie mit der Familie und engen Freunden kommuniziert wird? Es ist zwar möglich, Bilder und Statusnachrichten nur für bestimmte Leute sichtbar zu machen, doch diese Einstellung ist erstens schwer zu finden und zweitens ist es recht mühselig, die Kontaktliste jedes Mal einzeln durchzugehen, um die Leute ausfindig zu machen, für die diese Statusmeldung eben nicht bestimmt ist.

Genau diese Funktion ist der Dreh- und Angelpunkt der Google+-Philosophie. Bei Googles neuer Plattform gibt es keine Freundesliste, die nur bei Bedarf untergliedert wird. Um hier jemanden als Freund aufzunehmen, muss man ihn gleich in eine Gruppe ordnen, einen sogenannten „Circle". Die sind von Google schon vorgefertigt für z.B. Familie, Freunde und Arbeitskollegen. Natürlich können auch eigene erstellt werden. Das hat einen entscheidenden Vorteil: Möchte ich nun wissen, was es bei meinen Familienmitgliedern Neues gibt, klicke ich einfach „Familie" an und bekomme nur die Neuigkeiten aus diesem Circle angezeigt. Es muss sich nicht mehr, wie bei bisherigen sozialen Netzwerken üblich, durch die Statusmeldungen aller gewühlt werden. Und der Ärger über eigentlich unwichtige Personen, die mit ihren Spielebenachrichtigungen und Aktualisierungen andere unter sich „begraben", fällt weg.

Strukturierte Information

Im selben Maße funktioniert dieses System natürlich auch in die andere Richtung. Ich kann nicht nur die Statusmeldungen bestimmter Gruppen lesen, es ist auch äußerst einfach, meine eigenen Statusmeldungen nur für bestimmte Leute sichtbar zu machen.

Durch die schon vorsortierten Gruppen ist es ein Leichtes, einen persönlichen Kommentar nur mit engen Freunden und Familie zu teilen oder seinen Arbeitskollegen einen interessanten Artikel zu übermitteln. Damit beschreibt Google+ einen Trend, dem wohl das ganze Internet auf kurz oder lang folgen wird – das Bedürfnis nach strukturierter Information oder in einem Begriff: Semantic Web.

Die Facebook-User werden immer zahlreicher, immer mehr Informationen, Statusmeldungen, Linkempfehlungen und vieles mehr sammeln sich täglich in unserem Newsfeed. Wenn jede dieser Meldungen mit der Angabe versehen ist, für wen sie denn bestimmt ist, können diese Informationen viel zielgerichteter verteilt werden. Ich bekomme nur noch das zu lesen, was ich auch lesen soll. Das spart Zeit, Missverständnisse und vermittelt ein Gefühl von Sicherheit. Ich habe es beim Veröffentlichen von Informationen selbst in der Hand, wo sie sichtbar sind und kann bei jedem eingestellten Content selbst aufs Neue entscheiden, für wen er bestimmt ist. Das uralte Web-2.0-Prinzip wurde hier also erstmals nicht nur auf den Nachrichtenempfang (bestellte RSS-Feeds z.B. meiner Tageszeitung) umgesetzt, sondern tatsächlich schließt es im sozialen Netzwerk auch den Sender mit ein. Frei nach dem Motto „Wir müssen nicht mehr zu den (relevanten) Nachrichten gehen – die Nachrichten kommen zu uns!"

Aufgeräumt, erwachsen, vernetzbar

Während diese Informations-Verwertung die Hauptinnovation von Google+ darstellt, bietet die neue Plattform natürlich auch einige andere Vorteile. Denn während Hauptkonkurrent Facebook eine natürlich gewachsene Plattform ist und neue Features oftmals mehr schlecht als recht in das bestehende Interface „basteln" musste, konnte Google sich in aller Ruhe mit dem Aufbau seiner Plattform beschäftigen. Die so entstandene Oberfläche ermöglicht eine intuitive Bedienung und erweckt den Anschein einer „erwachseneren" Plattform. Alle Features sind sinnvoll angeordnet und es ist auf den ersten Blick ersichtlich, welche Informationen für wen sichtbar sind. Zusätzliche Funktionen wie das „Hangout", das einen tadellosen Gruppen-Videochat anbietet, ermöglichen eine ganzheitliche Kommunikation.

Und da Google neben Google+ ja auch einige andere Dienste betreibt, funktioniert die nahtlose Übertragung von Daten zwischen den Google-Diensten tadellos. Bilderalben im Bilderservice „Picasa" können problemlos in das Netzwerk eingespeist werden, genauso wie z.B. Kontakte aus Googlemail. Das begeistert natürlich die Nerds und Geeks, denn endlich ist es möglich, fast alle Online-Dienste aus einer Hand zu beziehen. Vor allem für Android-User ist diese ganzheitliche Abdeckung durch einen Anbieter attraktiv.

Das Duell: Facebook vs. Google+

Google+ ist das Social Network, das alles besser machen will. Unser Duell zeigt, ob der Social-Network-Gigant Facebook schon jetzt vor dem Such-Riesen Google zittern muss.

Ob Sie wollen oder nicht – in der neuen Timeline sollen Sie laut Facebook-Gründer Mark Zuckerberg in Zukunft Ihr ganzes Leben abbilden. Die Timeline (in Deutschland: Chronik) ersetzt die bisherige Profilseite und gibt Facebook-Nutzern ganz neue Möglichkeiten, ihre Erlebnisse an einem digitalen Ort festzuhalten. Gleichzeitig antwortet Zuckerberg damit auf den aktuell stärksten Herausforderer: Google+. Das Netzwerk hat den Markt neu belebt und Facebook aus der Lethargie der sicheren Marktführerschaft gerissen. Zeit für einen Test und die Frage: Welches ist das Netzwerk der Zukunft?

Einfach gesagt: das, in dem man seine Freunde, sein soziales Umfeld, findet. Facebook mit rund 800 Millionen Usern hat hier klar die Nase vorn. Suchgigant Google spielt die Rolle des David, auch wenn sich bereits etwa 40 Millionen Menschen registriert haben. Unser Blick richtet sich im Test aber auf das, was beide Netzwerke den Usern bieten: die Möglichkeiten zur Kommunikation, zur Informationssuche, die Benutzbarkeit und den Datenschutz.

Mit den neuen Features läutet Facebook einen Strategie-
wechsel ein, denn in einigen Ländern wie etwa den USA
geht die Aktivität der Nutzer bereits zurück. Die neue
Strategie: mehr Inhalte auf die Seite holen und die Verbindungen der User untereinander stärken. Ein Werkzeug dafür ist neben der Chronik der Open Graph 2.0,
eine Schnittstelle, die Daten von Apps ins Profil integriert.
Und Google+? Die Suchprofis antworten mit – na klar
– einer verbesserten Suchfunktion und der stärkeren Ein-
bindung anderer Google-Dienste. Die Userkommunika-
tion bleibt die Raison d'être, die Existenzberechtigung
beider Dienste. Facebook legt den Fokus auf persönliche
Inhalte und Erlebnisse, Google auf Informationen und
deren Fluss im Netzwerk. Das spiegelt sich in den unterschiedlichen Stärken der Kontrahenten wider. Ob Google+
damit Facebook verdrängen kann? Facebook ist im
Gegensatz zu Google+ als Plattform konzipiert, auf der
sich – wie in iOS – eine eigene Welt (mit Usern, App-
Entwicklern, Unternehmen) auftut. Nicht nur Facebook,
viele andere Entwickler verbessern dieses Produkt per-
manent und bieten jedem User individuelle Gestaltungs-
möglichkeiten. Google+ ist (noch) nur eine Informations-
verknüpfung mittels Userprofilen, hat jedoch einen Trumpf
in der Hinterhand: sein eigenes mobiles Betriebssystem
Android. Wenn Google+ bei Kommunikation, Usability
und Datenschutz überzeugt, kann es Facebook auf mobi-
lem Weg gefährlich werden.

Kommunikation: Der Hauptzweck eines Social Networks

Gezielter Austausch auf vielen Wegen ist nur in einem Netzwerk möglich. Doch wie gut kann man privat und öffentlich, mobil und am PC mit anderen kommunizieren?

Das zentrale Element bei beiden Netzwerken ist der Stream, der die Neuigkeiten der eigenen Freunde darstellt. Wenig überraschend: Facebook wirkt ausgereifter. Die Ansicht »Hauptmeldungen« sortiert den Stream nach dem Edgerank-Algorithmus. Der favorisiert multimediale Inhalte (wie Fotos und Videos) und solche mit vielen Kommentaren.

Diese Vorauswahl muss man nicht mögen, sie hilft aber, die Informationsflut einzudämmen, indem sie bevorzugt das anzeigt, von dem Facebook glaubt, dass es den User interessiert. Die chronologische Ansicht wurde bereits durch einen Liveticker ersetzt, der am rechten Bildrand alle News der Freunde in Echtzeit anzeigt. Google+ hingegen wirkt reduziert (negativ formuliert: featureärmer) und zeigt alles rein chronologisch an, was ähnlich wie bei Twitter sehr schnell beliebig wird. Nur wer die Circles, also Freundeskreise, konsequent als Filter nutzt, wird des Nachrichtenstroms Herr.

Abonnieren, folgen oder stalken?

Eine weitere Parallele zu Twitter ist das Follower-Prinzip von Google+. Man kann die öffentlich geposteten Inhalte jedes Users verfolgen, indem man ihn zu den eigenen Krei-sen hinzufügt, ohne dass er dem zustimmen muss. Genau das empfinden etliche User als unangenehm. Google för-dert damit aber Offenheit und schnelle Informationsver-breitung. Facebook bietet seit Kurzem eine ähnliche Funk-tion an, die Abonnements. Allerdings müssen Sie diese als User erst grundsätzlich erlauben, bevor andere Ihre öffent-lichen Postings verfolgen können. Der Freundeskreis ist hier ein privater Raum, auch durch geschlossene Gruppen oder Veranstaltungsplaner, die bei Google komplett fehlen.

Dafür können Sie auf Google+ mit den praktischen „Hangouts" Videokonferenzen mit bis 20 Personen ab-halten. Die Hangouts nutzen Android-User auch auf dem Smartphone. Facebook hingegen bietet – neben dem klassischen Textchat – nur 1-zu-1-Videochats.

Das Teilen von Inhalten hingegen kommt bei Google+ erst langsam ins Rollen, dabei hat Google mit seinen vie-len Diensten ein enormes Potenzial. Den Anfang macht (natürlich) YouTube, wo der User schon jetzt sehen kann, welche Videos seine Google+ -Freunde gepostet haben, wenn er seine Konten verknüpft hat. Bald wird auch der Reader überholt, sodass man Inhalte von dort direkt mit seinen Kreisen in Google+ teilen kann. Erst wenn Google die vielen User seiner anderen Dienste zu Google+ bringt, kann das Netzwerk eine kritische Masse erreichen, die das Wachstum beschleunigt.

Usability: Bedienung entscheidet über Spaß oder Frust

Wie gut kann man sich und seine Inhalte präsentieren? Wie leicht findet man Informationen und Detaileinstellungen im Profil? Welches Netzwerk ist verständlicher gestaltet?

Der größere Funktionsumfang von Facebook hat einen Nachteil: Die Seite ist oft unübersichtlich und verschachtelt. Google+ -User haben bei allen von uns gemessenen Aktionen – außer der ersten Anmeldung – die kürzeren (Klick-)Wege. Typisch dafür sind die Datenschutzeinstellungen, die bei Facebook auf zahlreiche Untermenüs verteilt sind und nicht nur viele Klicks bis zum Ziel verlangen, sondern es auch unnötig erschweren, überhaupt die gesuchten Einstellungen zu finden. „Und wenn Einstellungen nur kompliziert zu ändern sind", so Usability-Experte Tim Bosenick, „ändern die Nutzer sie nicht."

In Google+ können Sie alle Einstellungen zur Sichtbarkeit persönlicher Informationen direkt über die Profilseite bearbeiten – wie es sein sollte. „Google hat aus dem Buzz-Desaster gelernt und Google+ von Anfang an mit dem Bewusstsein für Datenschutz entwickelt", so Bosenick. Denn man muss bedenken, dass Facebook knapp acht Jahre Vorsprung hat. Eine Herausforderung wird für Google daher sein, die angenehm einfache Bedienung beizubehalten, wenn weitere Features hinzukommen.

143

Mit der aus Usability-Sicht sehr gelungenen Chronik gibt Facebook dem Nutzer noch mehr Möglichkeiten, sich darzustellen. Sie löst die alte Profilseite ab und inszeniert den User mit seinen privaten und beruflichen Lebensereignissen, seinen Freunden, den geposteten Inhalten, den besuchten Orten und vielem mehr. Alle bereits angegebenen Infos fließen automatisch ein. Darüber hinaus kann buchstäblich alles – von der Geburt bis zum Tod – dort veröffentlicht werden, zum Glück ist das aber optional. Ergänzen lässt sich die Timeline intuitiv per Klick auf den Zeitstrahl. Alles, was Google+ an Personalisierung im Profil bietet, sind eine Handvoll Fotos und persönliche Infos sowie die Liste der geposteten Beiträge.

Googles schärfste Waffe: Die Suchfunktion

Wesentlich ausgereifter ist Google+ beim Finden und Aufbereiten von Suchergebnissen – also dem, was Google seit jeher auszeichnet. Sehr hilfreich ist die kürzlich eingeführte (und von Twitter übernommene) Hashtag-Funktion, mit der man per „#" Begriffe verschlagworten kann. Diese Rauten funktionieren wie Links und liefern Suchtreffer, wenn man sie in einem Posting anklickt.

Facebook durchsucht zwar auch öffentlich sichtbare Daten wie Namen von Personen, Seiten, Anwendungen oder öffentlich gepostete Beiträge. Um diese zu finden, braucht man aber mehr Klicks als bei Google+. Die vor-

geschlagenen Treffer in der Suchzeile bevorzugen eindeutig Personen und Profile von Unternehmen.

Datenschutz: Erst User sammeln, dann abkassieren
Der Spaß am Teilen ist vor allem eine Freude für Facebook und Google. Wie transparent ist die Datennutzung, wie genau kann man sie kontrollieren? Wie sicher sind Sie vor Malware und Phishingattacken?

„Wenn Sie kostenlose Dienste nutzen, sind Sie kein Kunde, sondern das Produkt, das verkauft wird." Diese Aussage trifft laut Eric King von der Datenschutzorganisation Privacy International auch auf Facebook und Google zu. Gerade nach den angekündigten Neuerungen von Facebook schienen viele User ähnlich zu empfinden, diskutierten sie doch heftig über den Datenschutz – und zwar weltweit. Weiß Facebook zu viel von uns, wenn wir unser Leben in der Chronik ausbreiten? Werbekunden werden sich über solche Infos freuen, können sie ja ihre Anzeigen mit diesem Wissen noch gezielter platzieren.

Und wollen wir als User, dass Apps, zum Beispiel Musikdienste ohne unser Zutun auf unserem Profil posten, was wir gerade hören oder sonst tun? Genau diese Option bietet Facebook mit dem erweiterten Open-Graph-Protokoll bisher nur ausgewählten, in Zukunft aber sicher mehr App-Anbietern. Als User verliert man damit ein

Stück weit den Überblick über das, was auf dem eigenen Facebook-Profil geschieht.

Natürlich bietet es auch Vorteile, wenn Nutzer in diesem Beispiel neue Musik entdecken oder sogar gemeinsam denselben Song hören können. Der digitalsoziale Erlebnispark Facebook wird damit um einiges spannender. Die Grenze zum Kontrollverlust des Users rückt jedoch näher, und auch die Frage, was Facebook mit diesen Daten tut, stellt sich neu. Ehrlich beantworten, ohne zu spekulieren, können das nur die Facebook-Macher, was sie öffentlich aber nicht tun.

Erst User sammeln, dann das Geld

Google+ ist bisher noch werbefrei. Aber ab einer gewissen Nutzerzahl wird auch Google versuchen, diese Daten zu Geld zu machen, vermutet Eric King. Zwar hat man innerhalb des Netzwerks weniger Möglichkeiten, sich darzustellen, doch wer auch andere Google-Dienste wie YouTube oder Google Mail nutzt, liefert Google darüber ein umfangreiches Bild seiner Identität.

Lobenswert ist daher die Übersicht der gespeicherten Informationen im Dashboard (google.com/dashboard), wo Sie auch einzelne Daten bearbeiten und löschen können. Facebook bietet diese Option leider nicht, man kann lediglich eine CD mit der vollständigen Datensammlung anfordern.

146

Etwas weiter ist Facebook dafür beim Log-in-Schutz. Als User kann man genau festlegen, welche Geräte sich ins Profil einloggen dürfen und was passiert, wenn es ein anderes Gerät versucht. Und auch den Schutz vor gefährlichen Links hat Facebook verbessert, da sich Malware auf diesem Weg zunehmend verbreitet hat.

Das Gesamtergebnis:
Facebook gewinnt dank besserer Kommunikationsmöglichkeiten. Ansonsten sind die Unterschiede im Vergleich geringfügig.

Marketing im Social Media

Dass Unternehmen das ungeheure Potenzial der sozialen Netzwerke bereits entdeckt haben, ist schon lange kein Geheimnis mehr. Firmenseiten bei Facebook sind inzwischen weit verbreitet, denn der direkte Kontakt mit den Kunden ist ein äußerst wertvoller Informations- und Kommunikationskanal. So ungefiltert und unmittelbar kommt man sonst nur schwer an die Meinungen der Konsumenten. Im Gegenzug dazu haben die Facebook-Nutzer auf Firmenseiten oftmals die Möglichkeit an Gewinnspielen teilzunehmen, exklusive Informationen zu erhalten oder direkt mit Vertretern der Marke in Kontakt zu treten.

Beim Launch von Google+ witterten also auch die Firmen ihre Chance, im neuen Netzwerk sofort vertreten zu sein. Doch kaum hatten sie ihre Profile erstellt, wurden diese auch schon von Google gelöscht. Firmenprofile seien in der ersten Version von Google+ noch nicht angedacht, hieß es. Mittlerweile bietet die Community aber auch Profile für Unternehmen an.

Flut der Experten

Aus dem vorläufigen Verbot für Firmenseiten konnte eine spezielle Gruppe von Unternehmern allerdings enormen Gewinn schlagen. Denn jeder, der hauptsächlich seine eigene Person zu vermarkten hat, kann dies ja weiterhin tun. Infolgedessen wurde das Netzwerk von Beratern, Trainern, Experten und Ähnlichen geflutet. Für sie war dies natürlich ein großartiger Weg, um ihre Dienste zu verkaufen, doch bei den „zivilen" Nutzern des Netzwerks sorgte es oftmals für Frustration. Man kommt online und wurde von acht Personen zu den Kreisen hinzugefügt, doch nur zwei davon kennt man persönlich – der Rest möchte nur irgendwelche Dienstleistungen verkaufen. Das kann einem die Lust auf ein neues soziales Netzwerk leicht verderben.

Attacke auf sozialer Ebene

Google greift Facebooks Vorherrschaft unter den sozialen Netzwerken mit der Neuentwicklung Google+ an: Im Zentrum steht dabei die Kommunikationsdrehscheibe „Circles", mit deren Hilfe die Nutzer ihre Freunde in Gruppen einteilen und auf diese Weise unterschiedliche Inhalte mit ihnen austauschen können.

Dass Google+ eine direkte Attacke gegen Facebook ist, zeigt schon die Wortwahl: „Man steht zu unterschiedlichen Leuten in unterschiedlichen Beziehungen. Im richtigen Leben teilen wir das eine mit Freunden von der Uni, andere Dinge mit den Eltern und fast nichts mit dem Chef. Das Problem ist, dass heute jeder im Web den Stempel ‚Freund' aufgedrückt bekommt, und das Teilen von Inhalten unter diesem Freundschaftsbrei leidet".

Das neue Produkt ist ein soziales Netzwerk: Nutzer können Kontakte aus dem Adressbuch importieren und diese in „Freundeskreise" einteilen, die sie selbst definieren. Das können Kollegen sein, Studienfreunde oder Menschen mit gemeinsamen Hobbys. Der Fokus liegt auf dem gezielten Austausch von Links, Neuigkeiten und Videos mit zuvor festgelegten Gruppen von Freunden – und nicht mit der Gesamtmasse der Kontakte, wie es auf Facebook voreingestellt ist.

Während bei „Circles" Menschen im Mittelpunkt stehen, sind es bei „Sparks" Themen. Nutzer können angeben, wofür sie sich interessieren, Google liefert einen Feed an Inhalten aus dem Web dazu, darunter auch Bilder und Videos in 40 verschiedenen Sprachen.
Videochats mit Freundesgruppen sind ebenfalls ein Feature von Google+. Ein mit einem Kontakt gestarteter „Hangout" wird als Benachrichtigung an die weiteren Gruppenmitglieder gesandt, die zu der Unterhaltung

149

hinzustoßen können. *Bis zu zehn User können gleichzeitig an diesem Videochat teilnehmen.*

*Auch der Tatsache, dass die soziale Vernetzung zuneh-
mend über mobile Geräte stattfindet, trägt Google Rech-
nung: Mit +Mobile können Nutzer angeben, wo sie
sich gerade befinden, und Fotos und Videos hochladen,
um sie für sich selbst zu speichern oder anschließend
mit anderen zu teilen. „Huddle" ist ein Gruppenchat,
den Google für die Planung von Verabredungen erfunden hat.*

*Ende März hatte Google die Funktion +1 vorgestellt, über
die Nutzer Webseiten-Empfehlungen abgeben können.
Der Konzern versucht damit, die Suchergebnisse persönlicher zu gestalten – angemeldete Nutzer können sehen,
ob einer ihrer Kontakte über die +1-Schaltfläche Empfehlungen abgegeben hat. Auch wenn sich der +1 Button
inzwischen etabliert hat, erreicht er längst nicht so viel
Zuwendung wie der „Gefällt mir" Button von Facebook.*

*Google+ ist das Ende für das soziale Experiment Buzz,
das im Februar 2010 gestartet war, aber von Anfang an
Akzeptanzprobleme hatte, nicht zuletzt wegen Googles
unkluger automatischer Integration aller Gmail-Kontakte
in das soziale Netzwerk.*

Google+ als Facebook-Killer und Facebooks schnelle Reaktion

Zwischen „Google-Jüngern" und „Facebook-Fans" ist bereits beim Start der Plattform eine hitzige Debatte entbrannt, welches denn nun das bessere Social Network ist. Natürlich hat Google+ in den ersten Monaten ein enormes Wachstum zu verzeichnen, doch wie viele User nutzen die Plattform wirklich? Viele haben wohl nur einmal einen Blick auf die neue Plattform werfen wollen und kehren nun wieder zu Facebook zurück, da Google+ einfach nicht genug Mehrwert bietet, um den Aufwand eines Wechsels zu rechtfertigen.

Genauso darf natürlich nicht vergessen werden, dass Facebook selbst ein unglaubliches Entwicklungspotenzial hat. Um dem riesigen Netzwerk wirklich langfristig die Nutzer abzuwerben, sind seitens Google noch einige Innovationen erforderlich, die einen wirklichen Mehrwert bieten – und dieser Mehrwert darf sich nicht nur dem „Medien-Nerd" erschließen, sondern muss auch für den „0815-Facebook-Nutzer" attraktiv sein.

Die Features, die Google+ eben noch von Facebook abgehoben haben, haben dort bereits Einzug gehalten – und nicht wenige sagen, dass Facebook diese Funktion eben nicht nur kopiert, sondern gleich verbessert hat. Die neuen Freundeslisten von Facebook haben den Google+ Circles einiges voraus. Der Facebook-Nutzer bekommt neue automatische Listen, die nach bestimmten Kriterien wie Arbeitgeber, Wohnorten, Schulen u.v.m. durchsucht werden. Genannt werden diese neuen Listen „Smart-Listen". Sie sind sehr gut im

151

Sortieren, solange die anderen Nutzer ihre Daten auf Facebook aktuell halten. Wenn dann doch mal eine Person in der Liste fehlt, wird sie in einem Fenster vorgeschlagen oder sie kann manuell gesucht werden. Das wird jedoch nur ein Übergangszustand sein, denn viele bisher leere Profile füllen sich seit der Einführung der Listen mit Informationen.

Konkurrenz belebt das Geschäft

Durch die erste globale Konkurrenz ist Facebook gezwungen zu reagieren. So wurde neben den neuen Listen auch gleich ein neues Format für die Neuigkeiten des eigenen Netzwerkes geschaffen. Das scheint jedoch erst der Anfang einer Innovationslawine zu sein, die durch die neue Situation losgetreten wurde. Viel Chancen für neue Ideen also.

154

DER BLOG – CHANCEN FÜR UNTERNEHMEN

Blogs für Unternehmen sind viel mehr als ein zusätzlicher Werbe-Kanal. Sie bieten die Möglichkeit, persönlicher zu werden und sich als Experte zu positionieren.

Wurden Blogs bisher verschlafen? Sind sie überholt? Was bringen sie heute noch? Dass Blogs als altes Eisen des Social Web bezeichnet werden, sagt nur aus, dass sie etabliert sind. Blogs haben die Euphoriephase hinter sich gebracht und können jetzt effektiv genutzt werden. Sie sind neben Twitter und Facebook das beliebteste Werkzeug der Kommunikation im Social Web.

Was ist ein Blog?

Blogs können zunächst als eine Art Nachrichtenseite gesehen werden. Der große Unterschied zu bekannten Newsplattformen ist jedoch die Authentizität. Hinter jedem Blog lassen sich der oder die Autoren erkennen, nicht nur eine einfache Seite. So geht es nicht primär um die Information, die mit einem Beitrag transportiert wird, sondern um die persönliche Ansprache der Leser. Diese können auf die Beiträge durch Kommentare reagieren und so über die vertretenen Meinungen diskutieren, Fragen zu Sachthemen stellen oder schlicht in eine Kommunikationsbeziehung mit dem Autor eintreten.

„Formal definieren sich Weblogs als relativ regelmäßig aktualisierte Webseiten, auf denen Beiträge rückwärts chronologisch angeordnet und in der Regel separat kommentierbar sind" (Schmidt 2008). Sie kombinieren die bekannten Formate der Website und des Diskussionsforums miteinander, ergänzen sie um Schlagwörter und lassen die Nutzung durch ein integriertes System sehr einfach werden. Es gibt verschiedene Blogformen für Unternehmen, z. B. Produkt-, Service-, CEO-, Customer-Relationship- oder auch Krisen-Blogs.

Was bringt ein Blog – Chancen und Risiken

Ein Blog ist nicht nur ein weiterer Kanal, in den die gleichen Werbe-Botschaften gefeuert werden. Ein guter Blog ist aktuell, zeichnet sich durch qualitativ hochwertige Artikel, Authentizität und eine wachsende Akzeptanz der Leser aus. Leser sind dabei neben Kunden auch Kollegen, denen Sie hier Ihre Kompetenz zeigen können und so zu einem attraktiven Anbieter und Kooperationspartner werden.

Jeder Onlinekommunikation wohnt Identitäts-, Beziehungs- und Informationsmanagement inne. Ein Blog bietet die Chance, intensiver an Themen heranzugehen, als es in sozialen Netzwerken oder auf Twitter möglich ist. Es gibt keine Beschränkungen, was die Länge von Texten oder die Integration von Bildern, Videos oder anderen Formaten und Diensten angeht, jedoch sollten keine Romane geschrieben werden. Denn es kommt nicht nur auf die Inhalte an, sondern auch auf deren Präsentation und Ausdruck. Mit jedem Beitrag besteht zudem die Möglichkeit des Dialogs mit den Lesern und über den ganzen Blog gesehen die Personalisierung des Unternehmens. Es wird nicht mehr als eine undurchdringliche Wand gesehen, vielmehr stehen jetzt die Menschen im Mittelpunkt. Vertrauen und Sympathie entstehen genau auf diesem Weg.

Ein erfolgreicher Blog zieht zudem Links auf sich, die die Reputation Ihres Unternehmens weiter steigern können. Bedeutung in der eigenen Branche kann durch Offenheit und Dialogbereitschaft sowie Zufriedenheit und Vertrauen schnell aufgebaut werden. Empfehlungen in anderen Kanälen werden bald folgen. Blogs werden als authentische Alternative zur manipulativ empfundenen Kommunikation klassischer Medien empfunden. Sie können so, ohne Umwege, durch direkte Information und Kommunikation zum Spezialisten auf Ihrem Gebiet werden.

Sollten Sie den Anschein erwecken, Ihre treuen Leser mit Werbung und Kaufangeboten verführen zu wollen, werden Sie schnell die Schattenseite der Blogosphäre entdecken. Ein guter Ruf ist schnell ruiniert und nur schwer zu reparieren, Fehler entwickeln eine unkontrollierbare Eigendynamik. Ihre Leser werden kritisch sein und unangenehme Fragen stellen, jedoch auch für Sie sprechen. Hierfür müssen Sie regelmäßig schreiben, die Nachfrage bedienen. Ihre Autoren, selbst Sie, können dabei an den Punkt gelangen, an dem unklar ist, was für die Öffentlichkeit bestimmt ist und was lieber im Unternehmen verbleiben sollte. So viel Pluspunkte Authentizität bringt, so schwierig ist die nötige Transparenz zu handhaben. Die Entscheidung, einen Blog zu starten, will also gut überlegt sein. Die Chancen der direkten und persönlichen Kommunikation, des Dialogs mit Ihren Stakeholdern, von Beziehungen und des Imagegewinns stehen den genannten Risiken gegenüber. Werden sie genutzt, stellt ein Blog einen absoluten Mehrwert für Sie und Ihr Unternehmen dar.

Was muss ich mitbringen?

Die wichtigsten Voraussetzungen für einen erfolgreichen Blog sind Ihre Botschaft, gelebtes Engagement und Zeit. Ihre Botschaft stellt den Kern des Blogs dar, ohne gute Inhalte werden Sie nur wenige Leser haben und diese vermutlich bald verlieren. Neben den Lesern werden Sie so vermutlich auch die Motivation verlieren, den Blog weiter zu betreiben. Damit Ihre Inhalte jedoch auch aufgenommen werden, brauchen Sie Zeit und Engagement. Einerseits um regelmäßig zu schreiben, andererseits um Ihre Beiträge gründlich zu recherchieren und so Ihre Reputation zu erhöhen. Sollten Sie nicht persönlich schreiben, ist es an Ihren Autoren, meist Ihren Mitarbeitern. Gestehen Sie diesen auch die Zeit und Freiheit zu, dem Blog durch Qualität und Persönlichkeit zu Ansehen zu verhelfen.

Sie sollten sich darüber hinaus um ein ansprechend gestaltetes Design bemühen. Hierzu gehört neben dem eigentlichen Layout auch die Verknüpfung mit anderen Diensten, die Sie bedienen, Informationen zu den Autoren, zum Unternehmen und eine intuitive Navigation und Suchfunktion. Ihre Beiträge sind nicht nach ein paar Stunden oder Tagen vergessen. Wenn sie gut geschrieben sind und der Inhalt gut recherchiert ist, können sie auch noch in Zukunft relevant werden. So bauen Sie sich mit der Zeit eine Wissensbasis für Ihre Zielgruppe auf.

Die Kosten für Einrichtung und Betrieb eines Blogs sind sehr gering. Es kommt auf die richtige Nutzung an. Diese muss geübt werden, aus Fehlern gelernt und Konstanz gezeigt werden. Für den Anfang empfiehlt es sich, andere Blogs zu verfolgen und Fragen an Experten zu stellen, um so typische Fehler zu vermeiden und durch neue Ideen erfolgreich durchzustarten.

Wie wird ein Blog genutzt?

Neben den anderen Social-Media-Kanälen kann der Blog eine besondere Stellung einnehmen. Dadurch, dass er nicht als Dienst eines Anbieters läuft, können Sie ihn komplett selbst gestalten. Als interaktive Schaltzentrale für alle Ihre anderen

Kanäle können Sie den Blog als Landing-Page Ihrer Online-Aktivitäten machen. Durch die gegenseitige Verlinkung steigt Ihr SEO-Wert nebenbei auch noch an. Damit nicht nur technisch alles stimmt, müssen Inhalte den Blog füllen. Gute Beiträge enthalten einen Anreiz für die Leser aktiv zu werden, Links und Antworten auf offene Fragen. Stellen Sie Neuigkeiten vor, gewähren Sie Einblicke hinter die Kulissen und stellen Sie Ihr Team vor. Nutzen Sie auch die Möglichkeit von Gastbeiträgen, sowohl auf Ihrem Blog als auch durch Sie auf anderen Blogs. So steigern Sie die Bekanntheit Ihres Unternehmens noch weiter. Mit jedem Link auf Ihre Quellen und zu weiteren nützlichen Informationen steigern Sie den Wert des Blogs. Dieser lebt durch diese Verbindungen auf und Ihr Unternehmen wird dadurch gewinnen.

162

12

MONITORING –
BEOBACHTEN SIE
IHREN ERFOLG!

Aktiv am Social-Media-Geschehen teilzunehmen ist der erste Schritt – der zweite, der unbedingt dazugehört, ist, die Auswirkungen Ihrer Online-Tätigkeit auf den Erfolg Ihres Unternehmens zu messen. Nur wenn Sie wissen, wie Sie bei Ihren Kunden ankommen und welche Maßnahmen gut oder schlecht angenommen werden, können Sie wirklich zielgerecht in den sozialen Netzwerken arbeiten.

INTERVIEW mit Denis Nordmann
In den Kunden reinhören: Zum Nutzen
der Medienbeobachtung im Vertrieb

Medienbeobachtung ist fester Bestandteil von PR- und Marketingabteilungen. Im Vertrieb bleiben die Potenziale eines automatisierten Monitorings allerdings noch weitgehend ungenutzt. Michael Ehlers hat Denis Nordmann, den Geschäftsführer von cognita, zu diesen Möglichkeiten befragt.

Michael Ehlers: *Sie sind Geschäftsführer der cognita AG, Anbieter und Betreiber der Medienbeobachtung blueReport. Was bieten Sie genau an und wer sind Ihre Kunden?*

Denis Nordmann: *Wir bieten unseren Kunden Monitoring in Echtzeit. Nach individuellen Wünschen und Suchkriterien finden wir alle relevanten Beiträge, Kommentare und Artikel in Online-Medien, Blogs, Foren, Sozialen Netzwerken und auch in Printmedien. Alle Treffer stehen unmittelbar nach der Veröffentlichung in einer Web-Applikation zur Verfügung und können dort ausgewertet werden.*
Zu unseren Kunden gehören in erster Linie Kommunikationsverantwortliche aus großen Unternehmen, Verbänden, NGOs und natürlich Agenturen. Diese wollen nicht nur wissen, was über sie und ihre Mitbewerber berichtet wird, sondern verfolgen ganz gezielt für sie relevante Themen.

Zunehmend geht es darum, Trends und aufkommende Themen ohne Zeitverzögerung erfassen zu können. Dabei geht es nicht nur darum, die eigene Arbeit zu evaluieren.

Michael Ehlers: Beim Stichwort Themenmonitoring sind wir dann auch bei der Frage nach dem Nutzen für den Vertrieb. Als erfahrener Vertriebs-Profi weiß ich doch, wo ich welche Informationen finde? Reicht mir da nicht Google oder eine andere Suchmaschine?

Denis Nordmann: Alle relevanten Beiträge, Artikel und Kommentare manuell zu recherchieren, ist mit dem normalen Arbeitsalltag einer Vertriebsabteilung nahezu nicht vereinbar. Ein professionelles Monitoring rechnet sich angesichts der Arbeitszeit sehr schnell.
Selbst für den Vertrieb in sehr spezifischen Themenfeldern, zu denen es vielleicht 20 Online-Medien und 10 Blogs gibt, die regelmäßig über Top-Themen berichten, kann eine professionelle Medienbeobachtung einen echten Mehrwert schaffen. Vertreibt man beispielsweise seltene Münzen, möchte man wissen, über welche Sammlerstücke und Themen gerade in den einschlägigen Blogs und Foren gesprochen wird. Was aber noch wichtiger ist, man findet natürlich auch Münzhändler, interessierte Kunden und wird vielleicht auch auf neue, interessante Märkte aufmerksam. Relevant ist doch gerade das, was man nicht auf den ersten Blick unter den fünf oberen Google-Treffern findet.

Michael Ehlers: *Social Media spielen in der Unternehmenskommunikation eine immer größere Rolle. Die eigene Facebook-Page ist mittlerweile ja schon genauso fester Bestandteil vieler Kommunikationsstrategien wie die twitternden Mitarbeiter. Die Pflege Sozialer Netzwerke liegt allerdings selten im Verantwortungsbereich der Vertriebsabteilung. Was kann ein Social Media Monitoring im Vertrieb bringen?*

Denis Nordmann: *Soziale Netzwerke bieten ähnlich wie Foren und teilweise Blogs einen ungefilterten Einblick in das, was Kunden und potenzielle Kunden denken, wie sie bestimmte Produkte bewerten und was sie erwarten. In den seltensten Fällen werden einem diese Informationen konstruktiv verpackt auf die eigene Unternehmens-Pinnwand bei Facebook gepostet. Hier muss man genauer in die Diskussionen reinhören und die einschlägigen Meinungsführer identifizieren. Die Informationen, die man so gewinnen kann, sind unbezahlbar im Vertriebsgespräch.*

Michael Ehlers: *Meiner Einschätzung nach ist der B2B-Bereich auch zunehmend in den Social Media angekommen. Facebook ist schon seit einiger Zeit keine reine Privatsache mehr. Wie sehen Sie das?*

Denis Nordmann: *Genauso. Das Mediennutzungsverhalten variiert sehr stark, nicht nur in verschiedenen Altersklassen, sondern auch hinsichtlich der unterschiedlichen*

Berufswelten. Allerdings ist es schon seit einiger Zeit nicht mehr so, dass nur PR-Profis öffentliche Seiten pflegen und Berufliches mit Privatem verbinden. Für den Vertrieb von hochwertigen Kosmetikprodukten ist es vielleicht sinnvoll, sich mit verschiedenen Apothekern zu vernetzen und die entsprechenden Diskussionen zu verfolgen. Mit einem professionellen Monitoring erfahre ich:

- *Wer sind die spannenden Kontakte?*
- *Was sind die aktuellen Trends und Themen meiner Branche?*
- *Was denken meine Kontakte über meine Produkte und über die der Konkurrenz?*
- *Welche Erwartungen werden gestellt?*

Bekomme ich die für mich relevanten Informationen auf dem Silbertablett serviert, spare ich immens viel Zeit, die ich dann in die Interpretation und Verwertung dieser Informationen stecken kann. Ich habe also nicht nur einen Informationsvorsprung, sondern kann ihn auch effektiv nutzen.

Michael Ehlers: *Im Vertrieb misst man Zeit ja in Kontakten. Daher empfehle ich jedem, sich eine moderne Medienbeobachtung am konkreten Beispiel zeigen zu lassen. Herr Nordmann, vielen Dank für das Gespräch.*

167

13

ÜBER SOCIAL COMMUNITYS ZUR BESSEREN KUNDENBEZIEHUNG

Der richtige Umgang mit persönlichen Daten und eine gute Selbstvermarktungsstrategie sind nötig, um Web 2.0 für die Karriere und als Absatzmedium zu nutzen.

Ein vollständig ausgefülltes Profil und mindestens 200 Kontakte sind die wesentlichen Voraussetzungen für die erfolgreiche Nutzung des geschäftlichen Online-Netzwerks. Das zumindest behauptet das weltweit agierende und europaweit größte Online-Businessnetwork LinkedIn. Tatsächlich nehmen im Internet geschäftliche Netzwerke einen immer höheren Stellenwert ein. Der richtige Umgang mit persönlichen Daten und eine gute Selbstvermarktungsstrategie sind jedoch notwendig, um das Potenzial des Web 2.0 für die eigene Karriere und als neues Absatzmedium zu nutzen. Denn egal, ob Sie sich selbst oder ein Produkt vermarkten wollen, der sichere Umgang mit den Instrumenten der sozialen Medien ist ein Zeichen von Professionalität und Qualität.

Schon bevor das Internet und die vielen sozialen Net-Communitys Einzug in unseren Alltag erhalten haben, war es vor allem das sogenannte „Vitamin B", das vielen zu einem Job oder Auftrag verholfen hat.

Vitamin B

Eine Untersuchung des Instituts für Arbeitsmarkt- und Berufsforschung 2009 hat zum Beispiel ergeben, dass Betriebe bei der Personalsuche über persönliche Kontakte und Netzwerke die höchsten Erfolgsquoten verzeichneten. Sie wurden bei jeder dritten Neueinstellung genutzt und ein Viertel aller Neueinstellungen kam letztlich über diesen Weg zustande – dies entspricht einer Erfolgsquote von 78 Prozent. Im Jahr 2008 konnten knapp 50 Prozent der Betriebe bei der Suche nach geeignetem Personal persönliche Kontakte ihrer Mitarbeiter nutzen. Bei Kleinstbetrieben mit weniger als zehn Mitarbeitern lag der Anteil sogar bei 53 Prozent. Nur 30 Prozent aller Jobs werden über die klassische Annonce vergeben. Für alle übrigen Stellen gilt: Was zählt, sind Kontakte.

Das Gleiche trifft auch auf den Vertrieb zu: Der Managementprofessor Rob Cross und seine Mitarbeiter an der University of Virginia haben herausgefunden, dass die erfolgreichsten Spendensammler bei einer der weltweit größten gemeinnützigen Organisationen jene waren, die über externe Netzwerke mit der notwendigen Breite und Tiefe verfügten. 30 Prozent aller Geschäftsanbahnungen stammten aus persönlichen Kundenbeziehungen, verglichen mit nur 18 Prozent für die Gruppe insgesamt. Aber nicht nur die externen Netzwerke sind entscheidend. Die erfolgreichsten Spendensammler waren auch signifikant häufiger in das interne Netzwerk ihrer Organisation eingebunden und hatten unternehmensintern genauso gute Beziehungen wie außerhalb des Unternehmens.

Richtige Kontakte zählen

Die Kunst für Jobsuchende und Vertriebler besteht gleichermaßen darin, die richtigen Kontakte zu knüpfen – sprich, die richtige Zielgruppe anzusprechen. Dank Businessnetzwerken wie XING, LinkedIn aber auch Freizeit-Netzwerken wie Facebook ist es heute relativ leicht, Kontakte zu pflegen. Kein Wunder, dass die Bedeutung von beruflichem Networking auch unter den Internetnutzern von Jahr zu Jahr größer wird: So hat sich die durchschnittliche Anzahl der bestätigten Kontakte von XING-Mitgliedern von 2006 bis 2007 verdoppelt. 2006 hatten die Nutzer noch durchschnittlich 50 Kontakte, ein Jahr später waren es schon 103. Im April 2011 hatten rund 76 Prozent der 1,1 Milliarden Internetnutzer weltweit ein Profil in einem oder mehreren sozialen Netzwerken.

Laut Untersuchungen von Cross darf das vorrangige Ziel eines erfolgreichen Networkers jedoch nicht sein, nur die Anzahl der Interaktionen zu erhöhen. Es geht vielmehr darum, vermehrt produktive Netzwerke zu verwenden und den Einsatz unproduktiver Netzwerke zu reduzieren.

INTERVIEW mit Mike Schnoor

Michael Ehlers: *Wie kann ich meine eigene Reputation durch Social-Media-Marketing verbessern?*

Mike Schnoor, *Referent Presse- und Öffentlichkeitsarbeit im Bundesverband Digitale Wirtschaft (BVDW) e.V.: „Reputation gilt als Top-Thema für die Online-Generation. Nicht nur Unternehmen, sondern immer mehr Einzelpersonen beschäftigen sich damit, wie sie und ihr Ruf im Netz wahrgenommen werden. Dabei geht es weniger um die weiße Weste oder ein aalglattes Auftreten. Fakt ist: Menschen suchen im Internet nach Informationen – natürlich auch über andere Menschen und damit potenzielle Mitarbeiter. Suchen Sie in Google nach Ihrem eigenen Namen. Die ersten Ergebnisse zur eigenen Person sollten einen positiven Eindruck vermitteln. Im Hinblick auf Bewerber spielt deswegen die eigene Online-Präsenz* mit einem persönlichen oder fachlich ausgerichteten Blog, einem aktiven Twitter- und Facebook-Profil eine gewichtige Rolle. Wenn diese eigenen Präsenzen in den ersten Suchergebnissen hoch gelistet werden, kann dies von eventuell veralteten oder ungeliebten Informationen aus irgendwelchen Foren oder Communitys ablenken. Die grundlegende Frage lautet also immer: Wie positionieren Sie sich selbst im Netz?"

Michael Ehlers: Welche Portale sind wichtig für den Aufbau eines eigenen Netzwerks und wie nutze ich sie richtig?

Mike Schnoor: „Man kann viel über den richtigen oder falschen Umgang mit Social Networks philosophieren. Zuerst sollten sich Bewerber darüber im Klaren sein, ob sie die digitale Präsenz für ihren Karriereweg überhaupt benötigen. In erster Linie sind die größeren und bekannteren Netzwerke von Vorteil, wer jedoch beruflich in einer Branchennische arbeitet, kann sich auch in speziellen Netzwerken austauschen, die sich ausschließlich um die Profession drehen. Design-Communitys eignen sich für kreative Köpfe, Portale für Autofans freuen sich über die Expertise eines Mechanikers. Wenn aber ein Salesmanager konsequent in Facebook oder Twitter, in LinkedIn oder XING nur die blanken Werbebotschaften zu Produkten und Dienstleistungen kommuniziert, wird dies auf Ablehnung stoßen. Reine Werbung interessiert verhältnismäßig wenig Menschen.

Wer hingegen geistreiche, attraktive Informationen mit nachhaltigen Mehrwerten beisteuert, wird umso ernsthafter von seinem Kontaktkreis wahrgenommen. Das Netzwerk online zu betreiben ist jedoch nur die halbe Miete, denn im Internet zählt immer die persönliche Note auch außerhalb. Offline ist selbst für digitale Asketen ein Pflichtprogramm. In vielen Städten werden After-Work-Clubs oder Networking-Events angeboten. Dort trifft man so manchen Kontakt, den man vorerst nur aus Social Media kennt."

Michael Ehlers: Wie bewege ich mich richtig in Sozialen Netzwerken, ohne unprofessionell zu wirken?

Mike Schnoor: „Die gesamte Präsenz einer Person sollte quer durch alle Social Networks einheitlich sein.
Das Profilfoto sollte das Gesicht zeigen und darf wie ein Bewerbungsfoto oder ein ähnlich geartetes Foto aussehen. Der eigene Name sollte sichtbar sein, indem auf Pseudonyme verzichtet wird. Selbst die „Über-mich"-Texte sollten vereinheitlicht werden. Gerade hier dürfen berufliche Stationen aufgegriffen werden. Neben der Präsenz im Netz muss der Lebenslauf in Business Netzwerken attraktiv und ansprechend sein. Die „virtuelle Visitenkarte" als Homepage mit Portfolio eignet sich dabei vielmehr für Designer, Architekten oder extrem kreative Geister, aber nicht unbedingt für andere Berufsgruppen."

Michael Ehlers: *Wie erstelle ich mir aussagekräftige Social-Media-Profile?*

Mike Schnoor: *„Nach meiner Erfahrung aus Sicht eines Kommunikatoren sind nur diese Profile für den Start relevant: Das eigene Blog für individuelle Kreativität oder Fachartikel mit Expertise, Twitter und Facebook für Informationsdistribution, Kommunikation und Empfehlungen sowie LinkedIn oder XING für den Lebenslauf und ein wertvolles Kontaktnetzwerk."*

Michael Ehlers: *Welche Inhalte kann ich für alle frei zugänglich machen und was sollte ich vermeiden?*

Mike Schnoor: *„Wer es für nötig hält, kann seine Profile recht einfach durch die jeweiligen Privatsphäre-Einstellungen vor Personalern oder Headhuntern schützen. Doch macht das wirklich Sinn? Achten Sie besser darauf, welche Inhalte Sie von vornherein online mit anderen Menschen teilen. Dabei geht es absolut nicht um die berüchtigten Party-Fotos. Schließlich sind selbst potenzielle Bewerber niemals graue Mäuse, die nach Feierabend den Kopf unter dem Bettlaken verstecken."*

Michael Ehlers: *Auf was ist gerade bei Business-Netzwerken wie LinkedIn oder XING zu achten?*

175

Mike Schnoor: „Business-Netzwerke sollten idealerweise nur für den geschäftlichen Zweck genutzt werden und nicht zum Chatten oder Austausch im Sinne einer Community. Gewiss unterliegen viele Nutzer dieser Versuchung, aber wenn man sich gerne mit Kontakten unterhalten möchte, empfiehlt sich das besser bei Facebook oder Twitter. Bewerber sollten sich in Business-Netzwerken nicht versteifen oder künsteln, gar als jemand anderes ausgeben, als der sie sind. Wer als Spezialist in einem Fachgebiet auftreten möchte, sollte auch seine digitalen Präsenzen und Profile in Social Media regelmäßig pflegen. Informationen zu teilen, Wissen zu verbreiten und Meinung zu bilden – darauf kommt es im professionellen Umfeld immer stärker an. Dies gilt vor allem auch in Business-Netzwerken."

Michael Ehlers: Bietet Social Media Möglichkeiten, über andere Wege als über Jobportale gute Jobangebote zu finden?

Mike Schnoor: „Die Jobsuche in typischen Bewerbungsportalen ist ermüdend, kostet viel Zeit und Geduld. Hingegen bewirkt manchmal ein Tweet mit dem Hinweis auf das Interesse an einer neuen Herausforderung wahre Wunder, wenn die Follower mitspielen. Sie verbreiten diese Jobsuche direkt weiter. Der Vorteil liegt klar auf der Hand: Viele Personalentscheider tummeln sich auch in Twitter, und im Fall eines potenziellen Jobwechsels er-

leichtert diese quasi empfehlende Wirkung über die Time-lines grundsätzlich die persönliche Kontaktaufnahme. Der Bewerber muss sich dann jedoch wie jeder andere in den bekannten Ritualen des Auswahlprozesses beweisen."

Michael Ehlers: Welche Vorteile bieten mir als Privatperson Kontakte in Business-Portalen wie XING oder LinkedIn?

Mike Schnoor: *"Die bestätigten Kontaktdaten aus Social Business Networks ersetzen nicht nur das Rolodex auf dem Schreibtisch und fließen in Ihre persönlichen Adressdatenbanken. Wesentlich vorteilhafter eignen sich diese Netzwerke zur Unterstützung der eigenen Karriereplanung. Sie sind auf der Suche nach einer neuen Herausforderung? Seien Sie mutig und teilen Sie dies Ihren Kontakten mit. Direkte Links auf Stellenangebote oder Empfehlungen zur Kontaktaufnahme mit den passenden Kollegen aus der Personalabteilung können die Jobsuche verkürzen. Danach gilt jedoch das übliche Ritual der Bewerbung auf die entsprechende Position. Und sollten Sie nicht auf Jobsuche sein, finden Sie zahlreiche Hinweise auf diverse Networking-Events oder After-Work-Clubs – ein wenig Recherche schadet nie. So lernt man die Menschen, welche man vielleicht nur aus dem Netz kennt, auch persönlich kennen."*

Michael Ehlers: Welche Vorteile haben Unternehmen von der Präsenz auf Business-Portalen?

Mike Schnoor: „Wer nicht dabei ist, wird nicht gefunden. Was kann für ein Unternehmen schlimmer sein, als wenn die Highpotentials keine Informationen zum Unternehmen genau dort finden, wo sie sich tagtäglich aufhalten? Gewiss hängt die Notwendigkeit einer Präsenz in Social Media von der Marktdominanz und Größe des Unternehmens ab – für eine Fünf-Personen-Firma oder einen kleinen Handwerksbetrieb muss nicht sofort Facebook oder Twitter genutzt werden. Gerade die Entscheidung für oder wider Social Media sollte strategisch durchdacht sein."

Kontaktportale als Austausch- und Akquiseplattform

Wer sich scheut, Online Communitys für berufliche Zwecke zu nutzen, ignoriert eine wichtige Informationsquelle und verbaut sich neue Absatzwege. Eine Studie des Institute for Corporate Productivity (ICP) zeigt, dass immer mehr Berufstätige das Potenzial entdecken. 65 Prozent der befragten Berufstätigen gaben an, sich bei Kontaktwebsites Antworten auf ihre beruflichen Fragen zu holen und sich über Best Practices auszutauschen.

Darüber hinaus können Vertriebsmitarbeiter Fachkräfte innerhalb einer Organisation oder ganze Projektteams und Abteilungen mit den gesuchten Wissensgebieten erkennen und in direkten Kontakt mit der gewünschten Person treten. Dadurch können bestehende Kundenbeziehungen intensiviert und neue Umsatzpotenziale erschlossen werden.

Kontaktwebsites erleichtern auch die traditionelle und häufig mühsame Kaltakquise. Mithilfe von Onlinenetzwerken können die richtigen Informationen zum Zielkontakt innerhalb kurzer Zeit gefunden werden. Will ein Vertriebsexperte einen neuen und persönlicheren Kundenkontakt erreichen, so gibt er den Namen eines Unternehmens, eine Stellenbezeichnung und zwei, drei weitere Stichwörter ein und lässt die Datenbank des Netzwerks für sich arbeiten. LinkedIn ermittelt unter seinen 166 Millionen Mitgliedern 2012 nicht nur den Namen des jeweils Gesuchten, sondern deckt gleich die Überschneidungen ihres Netzwerks mit dem des Gesuchten auf. Ein gemeinsamer Kontakt kann dann eine Empfehlung aussprechen oder eine Verbindung herstellen. Dies ist zwar keine Garantie für einen neuen Abschluss, denn jeder Benutzer hat die Freiheit, die Antwort zu verweigern und E-Mails und Telefonanrufe zu ignorieren. Diese neue Verkaufsdimension sollte jedoch jeder nutzen.

Und noch einen Vorteil bietet diese Art der Kontaktaufnahme: Sie umgehen die Gatekeeper, die in der Regel Ihren Anruf beim Abteilungsleiter oder Geschäftsführer als Erstes entgegennehmen.

Neun Mythen über Social Media

Wer Social Media nicht mag, der findet immer wieder Gründe gegen das Mitmach-Web. Doch ständige Penetration macht Argumente nicht stimmiger. Ein paar der gröbsten

Mythen in den Köpfen von Social-Media-Nutzern und ihren Verweigerern und Verneinern.

Mythos 1: Social Media bringt keine Sales
Stimmt nicht: Burger King verschenkt via Facebook Coupons und generiert fetten Mehrumsatz. Rabattschnipsel auf Handzetteln funktionieren auch nicht anders. Pampers verkaufte schon 2010 Tausende Windeln via Facebook. „Dialog erzeugt Sales", sagte ein Telekom-Manager auf dem Social Media Summit. Behauptet wird die Verkaufschwäche trotzdem weiter vor allem von jenen, die bislang die Handzettel mitverteilt haben. Fragen Sie mal einen Kerzenmacher, was er von Glühbirnen hält.

Mythos 2: Social Media ist billig zu haben
Falsch gedacht. Die Deutsche Bahn schult ihre Mitarbeiter für den Twitter-Kanal monatelang. Setzt dort zahlreiche Mitarbeiter ein. Dialog im Web kann kein Praktikant nebenbei machen. Es sei denn, er ist ein Naturtalent in Sachen Empathie für Kunden und Marke. Unternehmen, die nachhaltig im Mitmach-Web agieren, investieren mindestens zehn Prozent des Online-Etats für Social Media.

Mythos 3: Kein Mensch will mit einer Marke im Internet quatschen
Stimmt ein wenig. Gefragt sind vor allem Rabatte, Schnäppchen, Benefits. Das sagen Studien. Sie zeigen

aber auch: Informationen mit Mehrwert, exklusive In-
halte, Unterhaltung sind durchaus auch gefragt. Es geht
nicht darum, herumzuschwafeln. Es geht darum, an-
sprechbar zu sein und dann zu interagieren. Es kommt
auf die Mischung an. Und: Hat schon jemand auf Print-
oder TV-Werbung verzichtet, weil kein Mensch die Wer-
bung sehen will? Nein? Es ist ihr Job, den Menschen ein
attraktives Angebot zu machen.

Mythos 4: *Den ROI von Social Media kann man*
gar nicht messen

Stimmt nicht. Es gibt eine Fülle hoch professioneller
Monitoring-Tools, die klare Leistungskennzahlen liefern.
Die kosten Geld (Siehe Mythos 2). Und es ist komplizier-
ter als der Blick auf Quote und Auflage. Und mit zusätz-
licher Hilfe lassen sich auch Dinge wie Brand Awareness
und Kaufabsicht ermitteln. Aber die Weltformel zum Ver-
gleich klassischer Werbereichweiten mit einem Tausen-
der-Gesprächspreis gibt es natürlich nicht. Wie auch: In
den Social-Media-ROI soll ja gleich alles rein: von den
Kosten der Fan-Generierung, seinem Wert, über die
E-Commerce-Folgen, Servicekosten, SEO, und, und, und.
Vor allem aber: In einem Kosmos individueller Lösungen
hilft keine eierlegende Wollmilchsau, sondern nur die in-
dividuelle Messlatte. Das zu erkennen ist vor allem ein
psychologisches Problem der Marketer, das sich klassi-
sche Vermarkter zunutze machen.

Mythos 5: Die Marke muss bei Facebook dabei sein

Quatsch. Die Marke muss dort sein, wo die Zielgruppe ist. Wenn die Kids überwiegend bei SchülerVZ sind, nutzt ein Facebook-Auftritt gar nichts. Wenn die Kunden in Massen vor allem in Foren unterwegs sind, sollte das Unternehmen dort Präsenz zeigen. Die guten alten Themenforen sind zwar vielleicht nicht hip, aber bieten zuweilen die größere Reichweite.

Mythos 6: Je mehr Follower und Fans, desto erfolgreicher

Jein. Das stimmt schon für Print- und TV-Werbung so nicht und gilt im Web ebenso wenig. Es kommt nicht auf viele Fans an, sondern auf die richtigen. Merke: Nicht richtig viele, sondern viele richtige.

Mythos 7: Facebook und Social Media sind nur was für junge Zielgruppen

Unsinn. Wer das behauptet, kennt nur Statistiken aus der Zeit von, sagen wir, der Akustikkoppler. Das Nutzerbild in den Netzwerken ist inzwischen viel heterogener. Und selbst wenn es so wäre. Markenpräfenzen bilden sich in jungen Jahren aus.

Mythos 8: Ich muss einen Social-Media-Experten engagieren

Lassen Sie das. Engagieren Sie einen Kommunikations-Experten, einen Marketing-Experten, eine Werbeagentur, eine PR-Agentur. Je nach Schwerpunkt. Sie buchen ja auch *nicht jeweils eigens einen Experten für Radio, TV, Flyer etc. Social Media ist ein integrierter Teil Ihrer Kommunikation und kein Kanal, den man nebenbei dazu bucht.*

Mythos 9: Der CEO muss bei Facebook sein und twittern
Wenn er mag und Zeit hat, gerne. Aber es gibt keinen Zwang. Ein Dirigent muss auch nicht mitsingen. Der CEO muss eher das Unternehmen auf die Kultur ausrichten und Mitarbeiter für den Dialog begeistern.

Möglichkeiten der Social Communitys richtig nutzen

Was für den potenziellen Arbeitgeber gilt, gilt ebenso für den potenziellen Mitarbeiter, Auftraggeber und Geschäftspartner: Ziel ist es, positiv aufzufallen. Ein professionelles und durchdachtes Profil ist das A und O. Bei der Erstellung des Profils gilt das Gleiche wie bei der Zusammenstellung einer Bewerbungsmappe: Die Wahl des richtigen Bildes und der relevanten Informationen ist entscheidend. Mittlerweile bieten viele Businessportale auch die Möglichkeit, Referenzen einzufügen. Nutzen Sie diese Features! Allerdings lautet für alle Informationen, die Sie über sich ins Netz stellen, die Devise: Klasse statt Masse. Den Lebenslauf durch falsche Angaben aufzuhübschen oder sich mit falschen Federn zu schmücken ist eher kontraproduktiv und wird schnell aufgedeckt.

Auch wenn im Juni 2012 schon über zwölf Millionen Mitglieder ein seriöses Profil auf XING hatten, wissen nur die wenigsten, wie sie das Netzwerk und seine vielen Funktionen richtig ausschöpfen können. Für viele sind diese Portale nur eine Adressdatenbank und dienen zur Pflege alter Kontakte. Diese Online-Portale können aber noch viel mehr.

Blogs, Facebook, XING, YouTube, Google+, Twitter, ... die Liste könnte man durchaus noch weiter ausführen. Das alles sind Internetplattformen. Durch sie kann man mit Bekannten, Freunden, Geschäftspartnern oder auch ganzen Unternehmen in Kontakt treten. Das alles ist Social Media. Viele Unternehmen haben bereits die Macht von Social Media erkannt und sie sich zunutze gemacht. Dabei gibt es genau drei Möglichkeiten, Social Media zu nutzen:

Data Mining: der nächste große Trend im Social Media Marketing?

1. *Die meisten Unternehmen freuten sich zunächst, in Social Media einen Kanal gefunden zu haben, mit dem sie ihre Marketing-Botschaften in die Welt hinausrufen können.*

2. *Andere Unternehmen sind da schon weiter und sehen in Social Media eine Plattform, auf der sie durch wechselseitige Kommunikation eine tiefere Beziehung zu ihren derzeitigen oder potenziellen Kunden aufbauen können.*

3. *Doch es gibt noch eine dritte Möglichkeit, Social Media zu nutzen: Man analysiert die Erwartungen, Bedürfnisse*

und Wünsche der Kunden („Voice of the Customer")
indem man deren Social Network Daten erfasst, darin
neue Muster erkennt und die eigenen Geschäftsstrate-
gien danach ausrichtet, um etwa seine Kunden gezielter
und besser ansprechen zu können. Kurz: Man betreibt
Data Mining in sozialen Netzwerken. Bei der immensen
Menge an Daten, die in den Social Networks gespeichert
sind, ein verlockender Gedanke.

Derzeit erstellen CRM-Systeme Kundenprofile, indem sie
demografische Daten heranziehen und diese mit dem
früheren Verhalten des Kunden (meist vorherige Kauf-
muster) kombinieren. So entsteht ein Bild des Kunden,
das Auskunft über seine Vergangenheit gibt.

Doch die Kundendaten, die in Online Communitys wie
Facebook gespeichert sind, sind meist nicht nur ausführ-
licher, sondern auch zukunftsweisender. So wüsste zum
Beispiel ein Kreditinstitut, das Zugang zu diesen Daten
hätte, nicht nur, dass der Kunde ein Girokonto, ein Spar-
konto, zwei Einlagenzertifikate und eine Hypothek hat,
sondern auch, dass sich der Kunde für Golf und Gourmet-
Kochen interessiert. Das sind wichtige Informationen für
zukünftige Marketing-Initiativen.

Jede Sekunde werden unglaubliche Mengen dieser
Daten auf Facebook, Twitter, XING und andere Communitys gestellt. Hätte man Zugang zu diesen Daten, hätte

185

man eine Art Echt-Zeit CRM-System, das regelmäßig über neue Trends und Möglichkeiten informiert. Wie erreiche ich das?

Zugang zu Social-Media-Daten erhalten

Zwar kann man mit der heutigen Technologie diese Daten herausziehen, doch sind dabei einige Herausforderungen zu bewältigen. Der riesige Datenstrom, der jede Sekunde zunimmt, ist ein Paradebeispiel für sogenannte „Big Data", der nicht so leicht verarbeitet werden kann. So steht man vor dem Problem, dass nicht alles, was der soziale Datenstrom liefert, auch wirklich relevante Informationen bringt. Experten gehen von nur 20 Prozent relevanter Information aus. Doch bevor man den Datenstrom eines Nutzers analysiert, muss man erst herausfinden, wo sich der Kunde in dem riesigen Social Universe befindet.

Das Problem der Kundenidentität

Die meisten Unternehmen finden ihre Kunden auf den sozialen Plattformen, indem sie dort ebenfalls präsent sind. Dieser Weg ist langwierig, mühselig und kostet Geld. Auf Facebook erhalten Unternehmen Zugang zu persönlichen Informationen eines Nutzers, wenn diese Person auf den „Like Button" der Unternehmensseite klickt (je nachdem, wie die Privatsphäre-Einstellungen sind). Durch besondere Angebote, Spiele oder Anwendungen kann ich als Unternehmen noch weitere Muster *im Kundenverhalten erkennen und Informationen sammeln.*

Jetzt gibt es jedoch Technologien, die diesen Identifizierungsprozess beschleunigen. Spezielle Matching Technologien können herausfinden, ob ein „Peter Müller" in meiner Unternehmens-Datenbank dieselbe Person ist wie ein bestimmter „Peter Müller" auf Facebook. Die Algorithmen, die das können, sind extrem ausgeklügelt und wurden schon erfolgreich von Strafverfolgungsbehörden eingesetzt, um Verbrecher ausfindig zu machen.

Man benötigt für die Identifizierung auf den sozialen Netzwerken ein oder zwei Informationen zum Kunden – die E-Mail-Adresse ist meist die wichtigste. Anschließend erhält man, je nach Sicherheitseinstellungen, die Profildaten des Users und dessen Verbindungen.

Was macht man mit den gewonnenen Daten?

Das zweite Problem bei Social Media ist, dass ich die gewonnenen Daten in nutzbare Daten umwandeln muss. Doch Social-Media-Daten werden durch andere Technologien gewonnen und werden deshalb auch in anderen Formaten und eigenen Datenbanken gespeichert als die Daten, die normalerweise in mein CRM-System einfließen. Wie kann ich diese Daten passend umwandeln? Eine Lösung bieten Produkte zur Stammdatenverwaltung. Diese Master Data Management (MDM) Systeme gibt es schon länger, denn das Problem der verteilten Daten existiert nicht erst seit Social Media. Oft liegen relevante Daten nämlich zerstreut in den Datenbanken der historisch gewachsenen operativen Systeme. MDM Systeme sollen die Konsistenz meiner verschiedenen Datenbanken sicherstellen. Damit kann ich auch Social Media Daten in meine bestehenden CRM-Systeme einfügen. Was ich anschließend erhalte, sind wertvolle Daten, mit denen ich meine Zielgruppen passender ansprechen kann und eine individuellere Betreuung meiner Kunden sicherstellen kann.

Trade off: Daten sammeln oder Beziehungen aufbauen?
Doch diese Schritte sind nicht unproblematisch. Denn viele Nutzer fühlen sich in ihrer Privatsphäre bedroht, wenn Unternehmen anfangen, persönliche Daten in großen Mengen aus dem Netz zu saugen. Social Media lebt zum großen Teil von den dort aufgebauten Beziehungen zwischen Kunden und Unternehmen, mit all ihren Dialogen. Wird der Prozess des Data Mining automatisiert vorangetrieben, geht viel von dieser Beziehung verloren. Bei Social Media sollten die Informationen in beide Richtungen fließen – d.h. auch Unternehmen müssen Informationen von sich preisgeben und dürfen ihre Kunden nicht als Datenstrom betrachten. Deshalb sollte man seine Kunden immer zuerst um Erlaubnis fragen, wenn man Informationen über sie einholt. Denn nur wenn die Kunden dem Unternehmen vertrauen und keine Angst haben, werden sie auch loyale Kunden.

Kunden und Verkäufer finden gemeinsame Interessen

Grundgedanke der sozialen Online Communitys ist, eine Plattform zu schaffen, auf der sich Gleichgesinnte zusammenfinden, um über Chats, Messaging, E-Mail, Dateifreigaben oder andere Wege miteinander zu interagieren. Gemeinsame Interessen werden in Gruppen gebündelt, in denen sich die Mitglieder austauschen können. Die Teilnahme in solchen Gruppen ist in vielerlei Hinsicht von Vorteil und sollte von jedem Verkäufer in Erwägung gezogen werden.

Auch über die Funktionen „Ich suche" und „Ich biete" können gemeinsame Interessen, Angebote und Nachfragen leicht identifiziert werden – sofern man sie mit aussagekräftigen Informationen bestückt. Deshalb sei es wichtig, sich vorher zu überlegen, welche Angaben über Suchmaschinen gefunden werden können. Erst dann sollten sie der passenden Kategorie zugeordnet werden.

Konkrete Angaben sind auch beim Feld „Interessen" gefragt. Interessen verbinden und bieten Gesprächsstoff. Deshalb nutzen Sie dieses Feld, um Aufmerksamkeit zu wecken und ins Gespräch zu kommen. Aber Vorsicht: Umfangreiche persönliche Neigungen gehören nicht ins Profil und auch die Interessen des Arbeitgebers sollten immer mitberücksichtigt werden.

Knigge für die Kontaktanfrage

Für das Kontakthalten gilt: Überfordern Sie Ihre Kontakte nicht mit Überaktivität und wahren Sie die Höflichkeitsform. Schließlich handelt es sich um geschäftliche Kontakte. Dazu gehört auch, auf Mitteilungen zeitnah zu antworten. Einige Nutzer lassen sich verleiten, sich vom ursprünglichen Ziel der rein geschäftlichen Kontaktpflege zu entfernen. Laut dem Netzwerk LinkedIn vermischen etwa zwei Drittel der deutschen Befragten geschäftliche mit privaten Kontakten. Dabei ist es wichtig, diese strikt voneinander zu trennen: Der Mix aus Kollegen, Geschäftspartnern und Freunden kann sich negativ auf das professionelle Kontaktknüpfen auswirken. Schnell lässt man sich dazu hinreißen, allzu freizügig Betriebsgeheimnisse weiterzugeben. Auch sollte man sich davor hüten, abfällige Bemerkungen über die Arbeit oder das Arbeitsumfeld zu machen – solche Kommentare kommen bei potenziellen Arbeitgebern, Kunden und Geschäftspartnern nicht gut an.

So kam eine Studie des Verbraucherschutzministeriums im August 2009 zu dem Ergebnis, dass sich bei 76 Prozent der befragten Firmen solche unüberlegten Aussagen negativ auf ihr Bild des Jobaspiranten auswirken.

Letzten Endes führt das Netzwerken jedoch nur zum Erfolg, wenn dem Kennenlernen in der virtuellen Welt auch ein Treffen in der realen Welt folgt. Erste Möglichkeiten dazu ergeben sich beispielsweise bei öffentlichen Veranstaltungen, die von Gruppenmitgliedern organisiert werden. Nur so entsteht Vertrauen, die Basis für jede Geschäftsbeziehung und ein gutes Arbeitsverhältnis.

Social Media auf dem Weg zur Professionalisierung

In Deutschland diskutiert man eigentlich erst seit Herbst 2008 intensiv über Social Media: als Barack Obama zeigte, wie man mit Twitter, Facebook und YouTube einen Wahlkampf gewinnt. Von den meisten zunächst als Hype abgetan, gibt es Jahre später kaum ein Unternehmen, das sich nicht mit dem Thema beschäftigt – jedenfalls „irgendwie". Gleichwohl fehlt es fast allen an einem konkreten Plan: Aktionen sind überwiegend Stückwerk, getrieben von einzelnen Personen oder Abteilungen. Das aktuelle Jahr wird zeigen, ob Unternehmen neben einer realistischen Betrachtung der Möglichkeiten des Social Webs auch gut ausgebildete Spezialisten, konsistente Prozesse und nachhaltige Strategien hervorbringen werden – das ist wichtig für eine Professionalisierung von Social Media, die der noch sehr jungen Disziplin sehr guttun würde.

Es gibt heute kaum noch einen Zweifel daran, dass Social Media ein relevanter und ernst zu nehmender Teil der Meinungsbildung ist. Auch wenn die direkte Reichweite einzelner Beiträge noch deutlich geringer ist als immer behauptet, durchdringt „Social Content", also von der Öffentlichkeit bestimmte Inhalte, heute fast alle Medien im Web. In der bisherigen Medienökonomie waren die Unternehmen gewohnt, einzelne Inhalte kontrollieren zu können. Alle Unternehmenspublikationen vom Pressetext

191

bis zur Werbeanzeige werden in aufwendigen und lang-
wierigen Verfahren bis zum letzten i-Punkt und bis zum
letzten Pixel überprüft – wenn es sein muss, auch in zehn
Korrekturschleifen. Wenn ein Wettbewerber sich nicht an
die Regeln hielt, konnte man ihn sofort abmahnen. Und
auch die Medienarbeit hat man im Laufe der Jahre so gut
professionalisiert, dass die veröffentlichten Inhalte gut in
Griff zu bekommen waren. Auch wenn es hier noch nie
„Kontrolle" gab, war (und ist) es doch möglich, Einfluss
auszuüben. Das liegt vor allem daran, dass Journalisten
fast immer an einen Kodex gebunden sind und nach
Regeln spielen.

Bei „Social Content" versagt zunächst fast jede Form der
Einflussnahme. Im Social Web herrscht Anarchie, also die
„Freiheit von Herrschaft". Und jeder Versuch, Herrschaft
im Social Web auszuüben, endet im Desaster. Die har-
sche Kritik, die über Jack Wolfskin über Jako bis zur Bahn
hereinbrach, als sie versuchten, Blogger abzumahnen,
zeigt, wie empfindlich das „Social Web" auf jede Form
der Machtausübung reagiert. Die Menschen wollen sich
nicht den Mund verbieten lassen. Das ist nicht eine Kon-
sequenz aus Facebook und Twitter, sondern eine allgemeine, gesellschaftliche Veränderung. Die Vorkommnisse
um „Stuttgart 21", wo sich Bürger organisiert haben und
vehement Mitspracherechte eingefordert haben, sind ein
Zeugnis dafür.

Die neue Medienökonomie verändert Perspektiven: Den traditionellen Meinungsführern geht die Deutungshoheit verloren. Das Internet wandelt sich, es wird zum „Social Web", und es wird nicht mehr lange dauern, bis der Begriff „Social Media" eigentlich überflüssig wird. Es ist dann einfach „das Internet".

Was ist denn nun Erfolg in Social Media?

Noch gar nicht beantwortet ist allerdings die Frage, was konkret für Unternehmen „Erfolg" im Social Web bedeutet. Sollte man denn wirklich nur deswegen dabei sein, weil man dabei sein sollte? Wohl kaum. Während die einen unbedingt darauf abstellen, dass Social Media (wie jedes unternehmerische Handeln auch) direkt verkaufen muss, verweisen andere darauf, dass „richtige" Kommunikation im Social Web vor allem „authentisch" zu sein habe, „offen und transparent", sowie dialogisch.

Aus der Sicht der Unternehmen ist weder das eine noch das andere hilfreich. Unternehmen bringt es ebenso wenig, darüber zu diskutieren, was denn richtig wäre (wenn es in den aktuellen Strukturen kaum realisierbar ist), wie darüber zu diskutieren, was denn umsetzbar ist (aber dafür nicht wirklich funktioniert). Tatsächlich gibt es heute nur ganz wenige Beispiele, in denen ein Unternehmen im Social Web entweder erfolgreich verkauft oder sich wirklich authentisch und transparent im Netz präsentiert, was immer in diesem Zusammenhang auch „authentisch" bedeutet. *Und so bewegen sich die meisten Unternehmen irgendwo zwischen der unlösbar scheinenden Aufgabe einer kompletten Kulturänderung auf der einen und selten nachhaltigen Marketingkampagnen auf der anderen Seite. Oder sie lassen Social Media eben bleiben, weil sie sich weder zu dem einen noch dem anderen durchringen können.*

Social Media ist Führungsaufgabe

Kann man das den Unternehmen vorwerfen? Nein, das kann man nicht. Denn es fehlt aktuell an vielem: an gut ausgebildeten Spezialisten ebenso wie an Geduld für einen nachhaltigen Aufbau und geeigneten Benchmarks. Und so dürsten wir alle nach Zahlen und Fakten, lesen mit großem Interesse jede Studie und jedes „How-to", versuchen die Taktiken zu verfeinern (nach dem Motto: „Wir haben uns verlaufen, kommen aber gut voran") und merken doch irgendwie, dass nichts davon unser Problem wirklich löst: Nämlich zu verstehen, was das Ganze eigentlich für uns ganz konkret bringt.

Aber Unternehmen fangen langsam an zu reagieren. Wir merken in unserer Beratungspraxis einen deutlichen Wandel: Das Management übernimmt immer häufiger und versucht mit durchdachten Strategien dem komplexen Phänomen Social Media gerecht zu werden. Gerade in großen Unternehmen. Sie wollen verhindern, dass einzelne Personen oder Abteilungen aus Eigeninitiative

Aktionen oder Kampagnen im Social Web für ihr Unternehmen starten, ohne dass diese Aktionen in einen größeren Plan eingebunden sind, der zu einem nachhaltigen Beitrag zum Unternehmenserfolg führt. Insofern hatte der Wildwuchs etwas Gutes. Er erzeugt den Druck auf die Unternehmensführung, sich des Themas strategisch anzunehmen.

Das mittlere und obere Management fängt an zu verstehen, dass sich Social Media nicht in mehr oder weniger gut gestalteten Facebook-, Twitter- oder YouTube-Auftritten erschöpft. Es versteht, dass es bei Social Media schon lange nicht mehr um einen zusätzlichen Marketingkanal „für junge Leute" geht – oder nur um eine Möglichkeit, neue Zielgruppen zu erreichen. Und es versteht, dass sich die Kommunikation der Menschen verändert, und damit auch die Art und Weise, wie sich Menschen über Themen, Produkte und Unternehmen ihre Meinung bilden. Unternehmen standen vor 15 bis 20 Jahren in einem ähnlichen Punkt, als alle fragten: „Müssen wir ins Internet?". Auch hier versprach die Technik vieles, aber es war lange unklar, warum man denn konkret ins Internet gehen müsse. Diese Frage ist heute für das Internet geklärt. Und jetzt gilt sie wieder analog für das Social Web, nur dass neben der „Wertschöpfung" und den „technischen Möglichkeiten" noch eine dritte Dimension ins Spiel kommt: der Faktor Mensch. Das stellt die Unternehmen vor eine große Herausforderung. Denn bisher dachte man eher in „Zielgruppen" und an „Humankapital" als an einen konkreten Menschen.

Unternehmen ahnen, dass sie sich um die Legitimität ihres Handelns bemühen müssen und dass sie diese Legitimität nur im Dialog mit ihren Stakeholdern entwickeln können. Das strahlt weit über die Marketing-Kommunikation hinaus und reicht bis in die Unternehmenskultur hinein – egal ob man „Social Media macht" oder nicht. Und so fängt über kurz oder lang jedes Unternehmen an, sich umfassend mit dem „Phänomen Social Media" und seinen Auswirkungen auseinanderzusetzen und seine Position dazu zu definieren.

Vernetzte Ziele im Netz

Gebetsmühlenartig fordern Experten heute, dass Unternehmen „strategisch" an Social Media herangehen sollen. Strategisch? Was bedeutet denn „strategisch" im Zusammenhang mit Social Media? Ganz allgemein ausgedrückt heißt Strategie: „Klarheit über die Ziele und das Wissen um den Weg dorthin". Bereits im Ersten liegt jedoch der Hase im Pfeffer: Wer weiß denn schon, was seine Ziele im Social Web sind? Wer versteht denn überhaupt genau, was man realistisch mit diesem neuen Werkzeug erreichen kann.

Wer bisher vor allem mit einem Hammer Nägel in die Wand geschlagen hat, kann mit einem Schraubenzieher zunächst wenig anfangen – zumindest, bis er das Konzept

„Schraube" entdeckt. Aber was ist denn die Schraube? Welche Wertschöpfung ist tatsächlich im Social Web realisierbar? Noch immer ist die Frage relativ ungeklärt, was überhaupt „Erfolg" im Social Web ist.

Bei der Frage nach der richtigen Strategie im Social Web kristallisieren sich in unserer Beratungspraxis drei einfache und sinnvolle Fragestellungen heraus:

- *Wie kann ich mit Social Media mein Unternehmen, meine Produkte und meine Services besser machen? (Organisation)*
- *Wie kann ich bessere Beziehungen zu Stakeholdern aufbauen und Vertrauen schaffen? (Relations)*
- *Wie kann ich meine Marke stärken, Kunden gewinnen und Kunden binden? (Marketing)*

Entscheidend ist hierbei, dass man alle drei Fragen im Sinn hat. Denn das ist die Krux und gleichzeitig auch die Gelegenheit des Social Web: Alles ist miteinander verbunden, um nicht zu sagen „vernetzt". Und mittelfristig wird es mit einem schlechten Produkt oder schlechten Services weder gelingen, Vertrauen aufzubauen, noch eine Marke zu stärken. Ebenso wenig wird die Personalabteilung wirklich erfolgreich sein, wenn sie nur eine Recruitingseite in Facebook hat, aber das Unternehmen oder dessen Produkte und Dienstleistungen ansonsten nicht sichtbar sind. Wer das nicht kann, wird darauf beschränkt sein müssen, zum Beispiel Viralvideos zu „seeden" (sprich: für die Veröffentlichung zu zahlen), oder bezahlte „Backlink-Farmen" mit Bloggern aufzubauen.

Zeit für Professionalisierung!

Es wird Zeit, dass gut ausgebildete Kommunikatoren das Heft in die Hand nehmen. Gefragt sind vor allem Menschen, die in der Lage sind, mit komplexen Strukturen umzugehen, und dabei noch empathisch die Bedürfnisse der Beteiligten erkennen. Wer heute die Mechanismen des Social Webs auf der einen und die Anforderungen an interne Strukturen in Unternehmen auf der anderen Seite kennt, wird als Manager sein Unternehmen nach vorne bringen und als Angestellter eine steile Karriere vor sich haben. Social Media ist ein enormes Wachstumsfeld, weil hier sehr viele unterschiedliche Faktoren zu einem machtvollen System aggregieren: Kommunikation ebenso wie Change Management, Technologie und Innovation.

Bereits jetzt gibt es eine Vielzahl von Aus- und Weiterbildungsmöglichkeiten, die man nutzen kann, um sich das Handwerkszeug zu erwerben. Und das gilt für Manager wie für Fachkräfte ebenso. Im vergangenen Jahr sind gefühlt zwei Dutzend Bücher erschienen, die auf die eine oder andere Weise, mal mehr oder weniger strategisch, das Thema Social Media beleuchten. Und es vergeht keine Woche, wo nicht in Deutschland irgendwo eine Konferenz mit Social Media im Namen stattfindet.

Das Angebot ist also reichhaltig. Konferenzen und Bücher geben einen guten Überblick. Aber es ist wichtig, dass man sich an konkreten und auch komplexen Fällen übt. So sind heute beispielsweise die Studenten des Studiengangs Online-Journalismus der Hochschule Darmstadt (Professor Pleil) bereits sehr gut in Social Media ausgebildet. Ebenso integriert die Universität Leipzig mit Ansgar Zerfaß Social Media als festen Bestandteil der Kommunikations-Studiengänge. (Edit: Mich hat Prof. Dr. Ralph Sonntag angesprochen und darauf hingewiesen, dass auch die Hochschule für Technik und Wirtschaft Dresden ein entsprechendes Ausbildungsangebot anbietet, was ich hier gerne ergänze.)

Und im Rahmen von Weiterbildungsmaßnahmen gibt es Präsenzlehrgänge wie beispielsweise an der Bayerischen Akademie für Werbung und Marketing oder – wenn auch wesentlich teurer – bei Euroforum. Für Furore hat im letzten Jahr die Social Media Akademie (SMA) gesorgt, die das Prinzip E-Learning konsequent auf das Thema Social Media überträgt. Im letzten Jahr haben mehr als 600 „Studenten" (Mitarbeiter aus Agenturen ebenso wie aus Konzernen) den sechswöchigen Lehrgang absolviert. Im Jahr 2011 gibt es bei der SMA sechs statt zwei Lehrgänge, und die Absolventenzahl wird voraussichtlich bei weit über 1.000 liegen.

Prozesse statt Herz und Leidenschaft?

Heute ist „richtige" Social Media fast immer im Amateurstatus. Und das im wahrsten Sinne des Wortes. Denn sie wird von Menschen gemanagt, die mit Social Media aufgewachsen sind, die über Social Media ihre Freunde und Bekannte pflegen. Sie „lieben" diesen Job. Und sie verstehen sehr viel von den Tools und Techniken im Social Web. Aber es fehlt ihnen oft an der professionellen Ausbildung in Sachen Kommunikation, BWL und Management.

Social Media krankt heute etwas daran, dass die Verantwortlichen, die etwas von betrieblicher Wertschöpfung verstehen, weit entfernt vom Social Web sind. Und die „Digital Residents", also die Leute, die „im Netz leben", sind überwiegend ebenso weit entfernt von den betriebswirtschaftlichen Notwendigkeiten. Grenzgänger sind selten. Es ist eben noch eine sehr junge Disziplin. Es ist an der Zeit, dass sich die beiden Parteien annähern. Und wie so oft bei einer Annäherung müssen beide Seiten sicherlich ein Stück ihre Position verlassen: Ja, menschliche Kommunikation sollte nicht von Regeln und Prozessen beherrscht werden. Aber ohne Regeln und Prozesse funktioniert die Welt in Unternehmen nicht. Denn es braucht in Unternehmen auch Zuverlässigkeit und Beständigkeit, und die sind nur schwer zu verwirklichen, wenn die Umsetzung von einzelnen Personen abhängt und nicht reproduzierbar ist.

Die Sache mit der Resonanz

Ein großer Unterschied zwischen herkömmlicher Kommunikation und Social Media ist die „öffentliche Resonanz". Zu viele Verantwortliche vergessen, dass sich Social Media nicht darin erschöpft, Informationen über einen neuen Kanal zur Verfügung zu stellen. Aber einfach nur „Dialog" zu ergänzen, reicht auch nicht. Das ist nur der halbe Weg. Denn: Resonanz erzeugt in jedem Fall ein „Problem": Bleibt sie aus, hat man eine Investition in den Sand gesetzt. Ist sie negativ, schadet sie dem Image. Und selbst wenn sie positiv ist, muss man irgendetwas mit ihr tun, dafür muss man Ressourcen vorsehen. Professionelle Kommunikation bedeutet im Social Web also immer einen Dreiklang:

- Informationen vernetzt und als „rich content" zur Verfügung zu stellen (das beherrschen viele schon sehr gut)
- Resonanz zu erzeugen und mit dieser Resonanz auch umgehen zu können (hierzu braucht es eine neue Form von „Resonanzmanagement")
- Und von Anfang an die Wertschöpfung mitzudenken (darüber diskutiert die Branche allerdings schon seit Jahren)

Social Media selbst löst keine Probleme. Kein Unternehmen wird besser oder profitabler werden, nur weil es Social Media einführt. Das ist ungefähr so, als ob Sie sich einen Heimtrainer kaufen. Dadurch werden Sie nicht fitter.

201

Auch nicht, wenn Ihnen der Heimtrainerhersteller glau-
ben macht, dass ihn 600 Millionen Menschen nutzen. Sie
werden nur dann fitter, wenn Sie ihn richtig und regel-
mäßig nutzen, und wenn Sie auch Ihr sonstiges Verhalten
an Ihr Ziel anpassen.

Social Media und Wertschöpfung

Social Media Manager müssen anfangen, in betriebs-
wirtschaftlichen Dimensionen zu denken. Auf „Face-
book" zu sein, ist kein ROI. Ebenso wenig, wie XY Fans
zu haben. Unternehmen müssen ihre betrieblichen Wert-
schöpfungsprozesse dahin gehend überprüfen, ob Social
Media diese Prozesse bereichern kann. Und dann müs-
sen entsprechend dieser Prozesse Ziele für Social Media
definiert werden. So kann ein Ziel sein, im Rahmen der
Öffentlichkeitsarbeit den Zugang zu Unternehmens-
Informationen zu erleichtern – zum Beispiel durch ein
Mitarbeiter-Blog und einen Social-Media-Newsroom.
Um den Erfolg zu beurteilen, muss ich dann meinen Auf-
wand im laufenden Prozess ins Verhältnis dazu setzen,
wie gut die Menschen informiert sind. Beides kann ich
messen. Oder ich setze Social Media ein, um das Recrui-
ting zu verbessern. Hier kann ich prüfen, ob sich die Qua-
lität der Bewerbungen im Verhältnis zum Aufwand ver-
bessert. Auch das kann ich beides messen.
Oder im Bereich Influencer Relations kann ich messen, wie
viele persönliche Kontakte ich zu Medien oder Topblog-
gern habe – auch wieder im Verhältnis zum Aufwand.

Es gibt nicht „den einen ROI", es gibt Dutzende Wertschöpfungsprozesse, die man durch Social Media optimieren kann. Und wer diese Stück für Stück für sich erschließt, wird einen massiven Wettbewerbsvorteil erlangen.

Wir schlagen heute unseren Kunden einen Prozess vor, der die wichtigsten Wertschöpfungsbereiche systematisch beleuchtet. Dabei legen wir Wert darauf, dass Social Media nichts Neues ist, sondern eigentlich nur Mechaniken und Effekte aus dem „normalen Leben" ins Web überträgt. Social Media funktioniert immer dann gut, wenn ein im normalen Leben bereits funktionierender, üblicherweise persönlich stattfindender Prozess im Social Web „skaliert" wird.

Im Bereich Relations

1. *Über Social Media die allgemeine Öffentlichkeitsarbeit verbessern: Zum Beispiel kann man über Social Media Transparenz herstellen wie bei einem „Tag der offenen Tür", nur „rund um die Uhr".*
2. *Social Media gezielt einzusetzen, um Beziehungen zu Meinungsführern und Multiplikatoren zu stärken. Eine Analogie wäre ein Presse- oder Kamingespräch, aber auch der informelle Dialog. Nur, dass er im Social Web eben kontinuierlich stattfindet.*
3. *Im Social Web gemeinsam mit den Stakeholdern (also allen, die in irgendeiner Form mit dem Unternehmen etwas zu tun haben) Projekte umzusetzen, besonders*

im Bereich CSR (Corporate Social Responsibility). Die Analogie wären z.B. Charity-Veranstaltungen.

Im Bereich Marketing

4. Die Marke(n) im Social Web zu stärken – die Analogie wäre z.B. ein Flagship-Store in der Top-Einkaufsstraße, wo die Kunden in einer edlen Umgebung und einem „persönlichen Berater" die Produkte erkunden können.
5. Neue Kunden im Social Web zu gewinnen. Das analoge Bild wäre z.B. das Beratungsgespräch in einem Reisebüro – egal ob „face to face" oder über die Hotline.
6. Kunden im Social Web zu binden – z.B. durch direkte und persönliche Ansprache, wie es „Tante Emma" tat.

Im Bereich Organisation

7. Kunden im Social Web Beratung und Services zu bieten – quasi das Callcenter 2.0
8. Wissenstransfer zwischen Mitarbeitern, aber auch zum Kunden und Partner zu ermöglichen – wie eine ständig stattfindende große Konferenz
9. Und – last, but not least – Mitarbeiter in die Kommunikation mit einzubinden – das Handelsblatt sprach seinerzeit von „1.000 Pressesprechern".

Jeder dieser neun Wertschöpfungsbereiche bringt seine eigenen Herausforderungen und Chancen. Wir fragen bei den Unternehmen zunächst ab, in welchem dieser Bereiche Werte erzeugt werden sollen und welchen spezifischen Beitrag Social Media leisten kann. Dann eruieren wir die individuellen Potenziale für einen ROI (Return on Investment). Wenn die Gesamtstrategie des Unternehmens weitere Aspekte erzeugt, erweitern wir die oben genannten neun Punkte. Für die Bereiche, die wir als lohnend erkannt haben, entwickeln wir dann mit den Fachbereichen zunächst jeweils eine eigene Strategie und bestimmen individuelle KPIs (Key Performance Indikatoren). Dabei hat es sich gezeigt, dass „Relations" und „Organisation" üblicherweise zentral gesteuert werden, und dass im Marketing unterschiedliche Strategien pro Geschäftsbereich und eine dezentrale Steuerung sinnvoll sind. Zum Schluss führen wir alle Einzelstrategien in einer Gesamtstrategie zusammen, um mögliche Konflikte und Synergien zu erkennen.

Hierzu gehören zum Beispiel übergreifend verwendeter Content oder auch die ganz simple Frage, ob beispielsweise jeder Bereich einen (oder mehrere) Facebook-Pages hat, oder welche man zusammenfassen kann. Daraus ergibt sich dann ein großes, einheitliches Bild. Hierfür verwenden wir speziell entwickelte Matrizen. Dieses systematische Vorgehen verstehen auch die klassischen Manager. Und so können wir sie abholen, wo sie stehen. Denn dieses Vorgehen orientiert sich an den bestehenden Wertschöpfungsprozessen.

Social Media ist keine eigene Strategie. Social Media muss vielmehr die bestehende Gesamt-Strategie des Unternehmens stützen."

Der Social Media Wertschöpfungskreis von Mirko Lange

Hinter diesem Link finden Sie aktuelle Zahlen, Daten, Fakten zur Social Media Revolution in unterhaltsamen Videos!

ES IST SCHÖN, WENN DIE EIGENEN PRODUKTE
ANKOMMEN. ABER OFT WÜRDE MAN SICH WÜNSCHEN,
MAN KÖNNTE MEHR ÜBER SEINE ABNEHMER ERFAHREN...

14

SOCIAL SHARING

Egal ob Text, Bilder oder ganze Videos: Tagtäglich wird das Internet damit erweitert und teilweise auch überflutet. Doch auch wenn die große Vielfalt an Wissen täglich veröffentlicht wird, heißt es noch lange nicht, dass dies gelesen bzw. weitergetragen wird. Was ganz früher über Mundpropaganda ging, wurde später mit E-Mails erledigt. Die Menschen schickten die Links mit den entsprechenden Inhalten an ihre Freunde. Und heute? Heute reicht ein Klick und alle Facebook-Freunde können den Link sehen, anklicken und ihn sogar noch kommentieren. Dies gilt natürlich nicht nur für

Facebook, sondern auch für viele verschiedene anderen Plattformen, die uns im Internet begegnen.

Als Unternehmer sollte das Potenzial dieser Social-Media-
Plattformen nicht unterschätzt werden. Wer zum Beispiel einen
Unternehmensblog führt, der kann zwar viele Besucher über
Suchmaschinen abgreifen, jedoch sind diese meist nicht dialog-
freundlich. Ein Blog lebt jedoch von Dialogen und Diskussionen.
Jeder Besucher kann Ihre Nachrichten weitertragen und weiter-
verbreiten. Vor allem durch Soziale Netzwerke wird das in der
heutigen Zeit sehr gerne getan, da es einfach und schnell ist.

Damit Ihre Leser Ihren Inhalt weiterverbreiten, müssen Sie
sich verschiedene Gedanken machen. Wahrscheinlich hören
Sie es nicht das erste Mal, aber „Content is King!" ist der wichtigste Punkt, der dabei eine Rolle spielt. Nur wenn Sie pas-
sende, sowie spannende Inhalte erstellen, werden Ihre Leser
das auch (ver-)teilen.

Jedoch bringt Ihnen guter Content nicht viel, wenn Sie es
Ihren Lesern bei der Verbreitung nicht leicht und „bequem"
machen.

Sogenannte Sharing-Buttons unterstützen diesen Schritt
enorm. Mit wenigen Klicks empfiehlt Ihr Leser den Content
Ihres Unternehmens und leitet diesen an seine eigenen Freunde weiter. Was gibt es Besseres als Weiterempfehlung!?

Um eine geeignete Lösung dieser Sharing-Buttons zu finden,
bedarf es einiges an Wissen und Recherche. Ich möchten Ihnen
eine deutsche Firma vorstellen, die Ihnen enorm helfen kann.
Spreadly entwickelt Social-Sharing-Buttons, die Sie direkt
in Ihre Webseite einbinden können. Sie brauchen sich kaum

Gedanken zu machen, ob die Buttons datenschutzgerecht sind. Das erledigt Spreadly für Sie. Zudem können Sie anhand einer Statistik sehen, wie viele Menschen Ihren Inhalt verbreiten und welche potenzielle Leser damit erreicht wurden.

Social Sharing: Wissen, wie LIKES wirken

Über ein Jahr hat Googles Antwort auf den Facebook Like-Button, der Google +1 Button gedauert. Die Internet- giganten beweisen durch ihr Tun, dass Social Sharing mehr als nur ein Hype ist. Viele Marken profitieren von den Aktivitäten ihrer Fans, die ihre Nachrichten für sie kostenlos in ihren sozialen Netzwerken verbreiten. Für Marketingleute ist diese Mitteilungsfreude ein Geschenk. Sie können sie als Medium nutzen, mit Anreizen fördern und ihre Resonanz messen und auswerten.
Vom Social-Sharing-Fieber ergriffene Menschen empfeh- len Produkte, Nachrichten und andere Webinhalte weiter. Es gibt zahlreiche Dienste, die das Teilen von Inhalten per Klick auf einen Button anbieten: Facebook, ShareThis, AddThis, Spreadly und Google.

Social Sharing ist wichtig – wenn es ankommt

Auch wenn Facebook unbestritten das wichtigste Netz- werk aller Netzwerke ist und wahrscheinlich auch bald große Umsätze über Facebook fließen werden, sollte dennoch niemand seine Hausaufgaben vergessen und auf Recherchen und Analysen zur eigenen Zielgruppe verzichten. Denn nur wenn ein Seitenbetreiber weiß, wo seine Zielgruppe aktiv ist, kann er sie auch erreichen. Einfach drauf los Facebook Pages anlegen und den Facebook Like-Button einzubauen, nur weil es alle tun, kann zwar der richtige Weg sein, muss es aber nicht.

Mit dem Social Sharing Button von Spreadly werden Inhalte per Klick auf den Like beispielsweise nicht nur nach Facebook, sondern auch nach LinkedIn, XING und Twitter transportiert. Obwohl Facebook bei 60 Prozent der Befragten das beliebteste Zielnetzwerk ist, gefolgt von Twitter mit 30 Prozent, sollte GoogleBuzz mit sechs Prozent und LinkedIn mit zwei Prozent nicht vergessen werden. Denn interne Auswertungen von Spreadly zeigen die tatsächlichen Share-Aktivitäten der Spreadly-Nutzer, die die Möglichkeit haben, mit einem Klick gleichzeitig vier Netzwerke mit ihren, für interessant befundenen Inhalten zu bedienen: Es fallen auf Facebook sogar 80 Prozent und auf Twitter 70 Prozent, aber auch jeweils 20 Prozent auf LinkedIn und GoogleBuzz. Diese Zahlen bestätigen die Annahme, dass viele Nutzer Facebook als wichtigstes Netzwerk ansehen und auch deklarieren. Geht es um konkrete Inhalte, stufen Nutzer andere Netzwerke dennoch als wichtig ein und nutzen diese auch. Seitenbetreiber sollten sich nicht von wichtigen Kommunikationskanälen ausschließen.

Alle Likes sind gleich, doch einige sind gleicher

Technisch gesehen ist ein Like ein kleiner Klick auf einen Button, der Inhalte verteilt und – gleich von wem er ausgeführt wird – die gleiche Reaktion hervorruft. In der Realität der Social Media Welt sieht es aber ganz anders aus mit der Wertigkeit der Klicks auf diverse Schaltflächen: Teilen nämlich wichtige Menschen wertvolle Inhalte, kommen sie besser an, als wenn Menschen, die keine Meinungsführer sind, bei Bagatellen auf Like klicken.

Nicht jeder Kontakt ist gleich viel wert auf dem Social Sharing Markt. Wer von anderen als Experte für bestimmte Themen eingestuft wird, hat einen größeren Einfluss als Freunde. Diese Einstufung basiert auf subjektiver Auffassung. So vertrauten nur 20 Prozent auf die Online-Ratschläge von Freunden bei Kaufentscheidungen, aber 25 Prozent auf die Meinung von zum Teil fremden „Experten". (Antwort von 220 Befragten, Umfrage Spreadly Juni 2011) Proaktivität der Betreiber von Shops und Portalen ist gefragt! Es gilt, die Experten für die eigenen Produkte und Themen zu identifizieren. Seitenbetreiber, die den Social Sharing Button von Spreadly nutzen, können über das eingeführte Social CRM-Backend mit allen Multiplikatoren direkt in Kontakt treten.

Resonanz und Reichweite sind wichtige Richtwerte

Social Media Aktionen sind im Trend und können ohne großen Aufwand umgesetzt werden. Auf der Strecke bleibt oft die Resonanzmessung. *Obwohl alle Marketer und Öffentlichkeitsarbeiter wissen, dass am Ende die Zahlen zählen, wird im Bereich Social Media Marketing oft mehr agiert als gemessen. Unzählige Websites bieten ihren Kunden und Besuchern viele verschiedene Kommunikationskanäle an. Leicht verpufft dann aber die wichtige Kundenmeinung unbemerkt im Nirwana des Social Web.*

Anders sieht es aus, wenn Tools zur Resonanzmessung im Einsatz sind. Der Spreadly Like-Button bietet Seitenbetreibern die Möglichkeit, jeden Klick genau zu verfolgen und antwortet auf folgende Fragen:

- *Likes: Anzahl der tatsächlich auf der eigenen Seite geklickten Likes*
- *Spreads: Wo kommt der Like wie oft an? Wird der Like vom Kunden in Facebook, Twitter, LinkedIn oder/und XING publiziert und kommentiert?*
- *Wann kommt der Like? Welche Tageszeit/Uhrzeit nutzen meine Besucher am häufigsten?*
- *Media Penetration: Welche Reichweite hat der getätigte Like? Wie viele Kontakte werden potenziell erreicht?*
- *Clickback-Likes: Wie kommt der Like an? Wie viele Klicks kommen zurück auf meine Seite?*
- *Clickback-Spreads: Wie viele neue Likes kann der Like generieren? Wie viele empfehlen aufgrund der Empfehlung auch meinen Inhalt?*

Einfacher Einbau und flexibler Einsatz

Der Spreadly Button ist wie alle Social Sharing Tools sehr einfach in der Implementierung auf jeder Website. Für viele Systeme wie TYPO3, Magento, Joomla und Wordpress gibt es Erweiterungen, die den Einbau noch angenehmer ermöglichen.

Ad-Network

„Wir wissen heute, dass Internetnutzer bannerblind geworden sind. Trotzdem werden Werbekunden für jede einzelne – und oft ungesehene – Einblendung zur Kasse gebeten", kritisiert Marco Ripanti, der Gründer und Geschäftsführer von Spreadly. „Wir bieten unseren Werbekunden ein einmaliges und transparentes Werbeformat in unserem neuen Ad-Network. Gebucht und bezahlt wird genau nach Anzahl der Likes, die den Internetnutzern mit Werbung angezeigt wird", erklärt Ripanti sein neues Konzept zur Online-Mediaplanung.

Die Werbung ist an einen Gutschein gekoppelt und erscheint, nachdem ein Internetnutzer auf den Spreadly-Like Button klickt. Ein Moment, in dem der Internetnutzer hinsieht, denn er klickt bewusst auf Like. Nimmt der Internetnutzer das Werbeangebot wahr und klickt erneut, empfiehlt er die Marke des Werbetreibenden in seinem Kontaktnetzwerk und enthält zum Dank einen Gutscheincode oder Downloadlink. Die Erfahrung der ersten Woche zeigt: jede zweite Person, die den Spreadly Like-Button klickt, klickt auch weiter, um den angebotenen

215

Gutschein im Gegenzug für ihre werbende Empfehlung zu erhalten.

Die Belohnungen allerdings müssen attraktiv sein. 21 Prozent wünschen sich geldwerte Vorteile oder exklusive Geschenke für ihre Empfehlung. Fünf Prozent sehen sich sogar als Verkaufsförderer und möchten am Umsatz beteiligt werden. Weitere 21 Prozent würden sich auch mit dem für andere sichtbaren „Titel" Meinungsmacher als Dankeschön in ihrem Spreadly-Profil zufriedengeben. Allerdings scheiden sich hier die Geister und die Hälfte der Befragten möchte nicht bestechlich wirken und unabhängig von kleinen Dankeschöns Empfehlungen abgeben. (Antwort von 190 Befragten, Umfrage Spreadly Juni 2011)

Mit dem Klick auf den Like-Button von Spreadly publiziert ein Internetnutzer Inhalte aus Shops, Blogs oder von beliebigen Internetseiten gleichzeitig in Facebook, LinkedIn, Twitter und XING. Auch die empfohlenen Werbebotschaften erscheinen in diesen Netzwerken.

Wer den Button einbaut, bekommt ein Stück vom Werbekuchen ab, weil er die Werbeschaltung nach dem Like auf der eigenen Seite zulässt. Seitenbetreiber mit Spreadly-Button gewinnen Reichweite in die vier Netzwerke Facebook, Twitter, XING und LinkedIn, erhalten genaue Auswertungen zur Nutzung ihrer Inhalte und verdienen dabei Geld.

Die Werbetreibenden zahlen genau für die Aufmerksamkeit, die sie erreichen. *Bei der Buchung entscheiden sie sich für eine Kampagne mit einer bestimmten Anzahl von Likes. Die Werbeanzeigen erscheinen im rund 1.000 Seiten zählenden Ad-Network von Spreadly.*

Über Spreadly: Spreadly (www.spreadly.com), der innovative Social Sharing-Button, kann in nur drei Schritten auf Webseiten implementiert werden. Er ermöglicht es Nutzern, nach einmaliger Authentifizierung mit nur einem Klick kommentierbares Feedback auf Wunsch gleichzeitig bei Facebook, Twitter, LinkedIn und Google zu teilen. Webseitenbetreibern liefert Spreadly ein Analysetool, mit dessen Hilfe die Effektivität der Empfehlungen der User ausgewertet werden kann. Zusätzlich bietet der Button Werbetreibenden die Möglichkeit, im Spreadly Ad-Network Werbung zu schalten. Auf diese Weise werden Internetnutzer für ihre Empfehlungen mit individuellen Rabatten, Gutscheinen und anderen Vorteilen belohnt. Die Werbetreibenden buchen Werbekampagnen entweder nach Reichweite oder nach Likes und erhalten transparente Auswertungen.

SCHLUSSWORT

Wir sind alle betroffen. Unternehmer, Manager, Vertriebler, Marketingprofis. Auch Eltern, Ehegatten, Kinder. Soziale Netzwerke boomen weiter. Viralität und der Shitstorm verändern die Unternehmenskommunikation und die Politik. Familien- und Interessennetzwerke aus Vereinen oder Organisationen bleiben nach dem Wegzug eines Menschen aus seiner Region einfach bestehen. Wir rücken alle näher zusammen, obwohl viele Menschen das Gefühl haben, dass durch die Digitalisierung genau das Gegenteil passiert. Die neue Transparenz setzt sich als Idee der Masse durch und nicht als ideologisches Prinzip. Selbst die Piraten, die versuchen eine Partei-Ideologie aus der Idee zu machen, werden von der „neuen Transparenz" zerfleischt und aufgefressen.

Etablierte Zeitungen werden nicht mehr gedruckt. 3D-Drucker dagegen stellen inzwischen Flugzeugteile her. Vielen Menschen machen die großen Veränderungen dieser Zeit natürlich auch große Angst. Andere sprechen vom größten demokratischen Prozess in der Kommunikation und in der Wirtschaft. Ich nenne es einfach eine Kommunikationsrevolution.

Tatsächlich verändern sich die Rituale und Systeme in unserer Welt. Die von den Nutzern ausgewählten Kommunikationswerkzeuge lösen alte Abhängigkeiten und schaffen andererseits unzählige neue Möglichkeiten. Die Wirtschaft wird einen Boom erleben. Aber erst, wenn mit alten, herrschaftlichen Systemen endgültig aufgeräumt wurde.

Nur drei Beispiele sollen aufzeigen, was sich tatsächlich auf diesem Planeten ändert und was das mit Social Media zu tun hat:

Der Maulwurf'n und die Schwarmfinanzierung

Wenn Sie früher eine geniale Filmidee hatten, mussten Sie vermutlich viele Wege zu Produzenten, Filmstudios etc. hinter sich bringen. Um nachher den Geldgebern nachzugeben und Ihren Film so zu verändern, dass Sie dann zwar einen gut vermarkteten Film in den Kinos wiederfanden – nur Ihre eigene Idee nicht mehr erkannten. Früher. – Und heute? René Marik ist der Mann, der das Handpuppenspiel auf Deutschlands Comedybühnen brachte. Mit vielen tollen Figuren und seiner Hauptfigur, dem Maulwurf. Im Herbst 2012 ist mir auf der Crowdfunding (Schwarmfinanzierung)-Plattform Startnext ein Videoaufruf von René Marik aufgefallen. Er sagte sinngemäß: „Ständig quatschten mir die Leute in meine Projekte. Ich wollte aber

MEINEN Film produzieren und deshalb fragte ich meine Fans, ob sie meinen Film für mich finanzieren möchten." Innerhalb von wenigen Wochen war das Geld zusammen und wenn dieses Buch erscheint, kommt Renés Werk in die Kinos, mit vermutlich Hunderten von Produzenten. Wie bin ich zu Startnext und dem Videoaufruf gekommen? Eigentlich mochte ich den Maulwurf nicht so gerne. Aber die Masse an Kommentaren und Postings auf Facebook, Twitter und sogar XING, verknüpft mit den klugen YouTube-Videos hat dafür gesorgt, dass auch ich mir ein „Producer-T-Shirt" gekauft habe und dadurch Mitproduzent wurde. Natürlich gehe ich auch ins Kino und muss das Werk jetzt sehen. Der Maulwurf'n ist mir symphatischer geworden, da ich jetzt ein Teil dieses Gesamtkunstwerkes wurde.

Wulffs PR-GAU (Shitstorm)

„Der böse Wulff?" heißt fragend das Buch des mutigen Journalisten Michael Götschenberg. Ein Jahr nach dem Rücktritt des Bundespräsidenten blickt er zurück auf den vermeintlich großen Skandal. Was für eine Treibjagd musste der arme Herr Wulff über sich ergehen lassen! Auslöser dieser Misere war er eindeutig selbst. Daher ist kein Mitleid angebracht. Oder doch? Die Heftigkeit der medialen Zerstörungswut war schon unfassbar. Wulff hat einen Selbstaufschaukelungseffekt erlebt, der seinesgleichen suchte. Gerade haben die Zeitungen und klassischen Medien das Thema ein bisschen losgelassen, da schießen in den sozialen Netzwerken die Witze über Wulff oder Gerüchte um seine Frau aus dem Boden und schon greifen die Medien das Thema wieder auf. Am Schluss war der Druck zu hoch. Immer wieder neue, echte oder konstruierte Vorwürfe machten ihn untragbar im Amt. Einer von denen, die in der Phase kurz vor seinem Rücktritt mit Wulff im Flugzeug unterwegs waren, war der Autor des o.g. Buches. Der ARD-Radio-Journalist hat sich mit über 60 Protagonisten unterhalten und ein Bild dieses Skandals entwickelt, das erfreulich unemotional und sachlich erscheint. „Der böse Wulff?" schenkt uns dadurch einen Blickwinkel auf die Affäre, der den Medienkonsumenten bisher versagt blieb. Das wichtigste Kapitel, aus meiner Sicht, beschreibt die Rolle der *Bild*-Zeitung. Genau hier beweist der scharf formulierende Autor auch wirklich Mut. Ein Medienmann haut der mächtigsten Zeitung Deutschlands auf die Finger, indem er zeigt, wie die *Bild*-Zeitung arbeitet und einen Skandal macht. Dass er dabei den Springer-Verlag tatsächlich trifft, zeigt die Tatsache, dass bis auf *Die Welt* alle Blätter der Springer AG das Buch lieber verschweigen. Schon alleine aus diesem Grund lohnt sich ein Blick in das Buch für jeden politisch Interessierten. Pflichtlektüre wird Götschenbergs Werk allerdings für alle professionellen Kommunikatoren. Götschenberg gelingt es nämlich hervorragend, die derzeit medialen Schalthebel darzustellen. Daher ist es auch als Lehrbuch für politische Kommunikation, PR und Unternehmenskommunikation lesenswert. Und es zeigt, wie revolutionär sich die Welt der Kommunikation tatsächlich verändert hat.

Polizei Hannover – Fahndung auf Facebook

Der normale Facebook- und Twitter-Nutzer macht sich die Schwarmintelligenz der Plattformen längst zunutze. Erst kürzlich erlebte ich, wie mein Nachbar aus der Kindheit bei

einem Foto „Gefällt mir" klickt. Es folgte eine Freundschafts-
anfrage an den längst vergessenen Freund. Anschließend
habe ich fast eine Stunde in seiner Freundesliste gewühlt und
viele alte Bekannte getroffen.

Die Polizei in Hannover hatte als Erstes den Mut, dieses System
der digitalen Netze für sich zu nutzen. Sie richtete eine Face-
book-Fanseite ein, die innerhalb kürzester Zeit auf über
100.000 Fans gekommen ist und nutzt die Netzwerke zur Fahndung nach vermeintlichen Verbrechern: „+++ Liebe Facebook-
Gemeinde, wir bitten aus aktuellem Anlass um Eure Unterstützung. Bitte teilen +++" – offensichtlich so erfolgreich, dass
bereits viele andere diesem Beispiel folgen. Doch nicht nur in
der Fahndung setzt die Polizei erfolgreich auf virale Effekte.
Auch werden regelmäßig Tipps zur Verbrechensprävention erfolgreich veröffentlicht und die Polizei Hannover macht für sich
Imagewerbung mit Berichten über Schulbesuche, etc.

Jedes dieser drei Beispiele hätte es im Jahr 2003 gar nicht
geben können. Die Nutzer – die Menschen selbst haben die
Welt revolutioniert. Wir müssen uns mit dieser Revolution immer und immer wieder auseinandersetzen, um diese Werkzeuge gemeinsam für eine bessere Welt einzusetzen. Sie haben
das wohl jetzt getan, indem Sie sich mit diesem Buch ausei-
nandergesetzt haben. Herzlichen Glückwunsch! Noch Fragen? Hinter folgendem QR-Code finden Sie mich:

DANKE

Seit 12 Jahren wurde ich immer und immer wieder gefragt, ob ich nicht endlich ein Buch veröffentlichen möchte. Das macht man so als professioneller Redner und Kommunikationsexperte. Sie glauben gar nicht, wie oft ich schon angefangen habe. Der erste Dank geht an Herrn Sebastian Grebe. Nach dem anhaltenden Erfolg meiner veröffentlichten Artikel und Videos zum Thema Social Media hatte ich beschlossen, es nun endlich anzugehen. Ein Buch zu schreiben, das ohne Fachchinesisch den Leser bei Null abholt, ohne aber auch Profis zu langweilen. Kaum beschlossen, erhalte ich Besuch von Herrn Grebe. Seine verbindliche, klare Art führte dazu, dass mir letztlich das Buch gelang. Danke auch an das Team von books4success, insbesondere an das Lektorat mit Frau Hildegard Brendel. Das war eine wirklich großartige und professionelle Zusammenarbeit.

Ohne die Mithilfe meiner Mitarbeiter im Institut Michael Ehlers wäre aus dem Buch nichts geworden. Allen voran herzlichen Dank der großartigen Astrid Rosenberger, die mir gezeigt hat, wie Recherche und Artikelgenerierung läuft und ohne deren Engagement und Intellekt nie der richtige Anstoß gegeben worden wäre. Großer Dank geht an Tanja Schwarz, Chris Dippold, Max Güntner, Bianca Wirth, Lena Alt, Mareike Rath, Matthias Hahn, Sarah Kunkel, Charlotte Marx, Susanne

Nitzsche-Kröner, Martina Kummer, David Streit, Andreas Fingas, Eva Kaiser und Julia Haberl.

Danke für die tolle Unterstützung an meine Frau Alesja und meine beiden Töchter Liv-Freya und Ellis.

Dank auch an meinen Freund Klaus Stieringer, dessen kritische Rückmeldungen und unfassbare Kreativität immer wieder zum Andersdenken einlädt.

Dank an Alex Wunschel, dessen Podcast „Blick über den Tellerrand" zur inzwischen wichtigsten Quelle für Social Media Profis wurde und mit dem ich gemeinsam auf großer Vortragstournee viel lachen konnte und dessen Erfahrung im Bereich Social-Media-Marketing immer hilf- und lehrreich war.

Danke an die zahlreichen Kollegen-Experten aus den Bereichen Unternehmenskommunikation/PR, Marketing und Kommunikation für deren ständige Inspiration. Danke an InSites Consulting für die stets aktualisierten Studien zum Fachbereich Social Media. Danke an die vielen, vielen Blogger für ihre zahlreichen Artikel und Inspirationen.

Der größte Dank geht an meine Kunden: Ihr seid der wichtigste Inspirationsquell. Ihr seid die Wahrheit. Denn wie sagte der große Fußball-Philosoph Adi Preißler so richtig: „Grau ist alle Theorie – entscheidend ist auf'm Platz!"

WORTVERZEICHNIS

Account: Benutzerkonto mit Zugangsberechtigung; Authentifizierung mittels Benutzername und Kennwort erforderlich

Agendasetting: Setzen konkreter Themenschwerpunkte

Android: Betriebssystem und Softwareplattform

App: Kurzform für Applikation, bezeichnet Anwendungsprogramme

Backlink-Farmen: Dateisystem, bzw. Verzeichnis, das ausschließlich aus Vielzahl von Links besteht

Badge: Abzeichen, für z.B. Zugehörigkeit

Banner: Werbebanner

Blogger: Der Verfasser eines Blogs

Blogosphäre: Gesamtheit der Blogs im Internet samt ihrer Verbindungen

Brand Awareness: Markenaufmerksamkeit, Markenbekanntheit

Branded Badges: Abzeichen bei Foursquare, die von bestimmten Marken ausgestellt werden

Bürgermeister Spiel: Hat man sich über Foursquare mehrfach in einen Ort „eingecheckt" wird man für diesen Ort zum Bürgermeister (englisch: mayor) ernannt.

Button: An einen Knopf erinnernde Darstellung auf dem Bildschirm; wird durch Mausklick aktiviert

Buzz: Soziales Netzwerk von Google

Check-in: Einchecken /-loggen in realen Standort, im Sozialen Netzwerk

Circle: Freundeskreis auf Google+

Community: Gemeinschaft, mit in der Regel gleichem Interessensgebiet

Content: Inhalt

Corporate Blog: Gemeinschaftlicher Blog

Corporate Channel: Gemeinschaftlicher Kanal

Corporate Design: Gemeinschaftliches Design

CRM-Systeme (Customer-Relationship-Management): Kundenbeziehungsmanagement, Kundenpflege. Konsequente Ausrichtung eines Unternehmens auf seine Kunden und die systematische Gestaltung der Kundenbeziehungsprozesse

Data-Mining: Aus Datenberg Wertvolles entnehmen

Digital Natives: Als Digital Natives werden Personen bezeichnet, die mit digitalen Technologien wie Computern oder auch Internet aufgewachsen sind.

Digital Residents: Digital Residents nehmen das Internet als eine Erweiterung ihres Raumes war. Es gibt keine klare Grenze zwischen On- und Offline-Leben.

Display-Werbung: Überbegriff aller Werbemittel im Internet

Domain: Die Domain ist der erste Abschnitt einer Internetadresse. (z.B. www.michael-ehlers.de) Jeder Domainname wird nur einmal vergeben.

Einchecken: Einige soziale Netzwerke erlauben es ihren Nutzern mittlerweile, an einem realen Standort „einzuchecken" und so Freunden oder anderen Nutzern mitzuteilen, wo sie sich gerade befinden.

Facebook: Soziales Netzwerk

Facebook Connect: Alternative zur Einmalanmeldung; Auf Facebook registrierte Nutzer können so ihre Anmeldedaten auf anderen Websites verwenden, ohne sich dort registrieren zu müssen.

Facebook Profil: Eigene Seite auf Facebook, auf der Inhalte geteilt und Informationen über sich preisgegeben werden können.

Facebook-Kommentare: Kommentare unter Bildern, Videos, Status oder auf Profilen

Follower: Leser, der Beiträge eines Autors abonniert hat

Followerkreis: Gruppe von Lesern, die Beiträge eines Autors abonniert haben

Fan: Begeisterter Anhänger, begeisterte Anhängerin von jemandem, etwas

Fanpage: Eine Fansite, umgangssprachlich auch Fanpage, bezeichnet eine Website, auf der gezielte Informationen über eine Person oder ein Unternehmen bereitgestellt werden.

Forum: Ein virtueller Ort, zum Austausch und Archivierung der Gedanken, Meinungen und Erfahrungen.

Foursquare: Standortbezogenes, soziales Netzwerk

Friendticker: Soziales Netzwerk

Gatekeeper: Einflussfaktor (meist personell), der eine wichtige Position bei Entscheidungsfindungsprozess einnimmt.

Geodienst: Geodienste sind vernetzbare, raumbezogene Webservices, die Geodaten in strukturierter Form zugänglich machen.

Geosoziale Netzwerke: Soziale Netzwerke, die auf raumbezogenen Angaben ihrer User basieren, z.B. Foursquare.

Glympse: Geosoziales Netzwerk. Während bei normalen geosozialen Netzwerken Standortinformationen mit allen Usern geteilt werden, werden bei Glympse die aktuellen Standorte gezielt nur an Personen ihrer Wahl geteilt.

Google Alert: Google Alerts sind E-Mail-Benachrichtigungen über die neuesten relevanten Google-Ergebnisse (z. B. Webseiten, Nachrichten) für die Suchanfragen, die Sie angeben.

Google+: Soziales Netzwerk

Gowalla: Gowalla war ein standortbezogenes soziales Netzwerk.

GPS: Global Positioning System, ein satellitengestütztes System zur weltweiten Positionsbestimmung

GSM: Global System for Mobile Communication ist ein Standard für volldigitale Mobilfunknetze.

Hashtag #: Ein Hashtag ist ein Stichwort in Form eines Tags, das insbesondere bei Twitter Verwendung findet. Die Bezeichnung stammt vom Doppelkreuz „#" (englisch „hash").

Homepage: Webseite, die für eine ganze Internetpräsenz steht.

Hype: Großes, zuweilen übertriebenes und nicht gerechtfertigtes Getue, das um etwas Neues herum gemacht wird.

Input: Beitrag von außen

Insider: Jemand, der bestimmte Dinge, Verhältnisse als Eingeweihter genau kennt.

Internetportal: Homepages oder Foren für den Austausch mit anderen Onlinern

Landing Page: Selten auch „Marketing-Page" genannt, ist eine speziell eingerichtete Webseite, die nach einem Klick auf ein Werbemittel oder auf einen Eintrag in einer Suchmaschine

(Google, Bing, u.a.) erscheint. Diese ist auf den Werbeträger und dessen Zielgruppe optimiert.

Link: Verknüpfung mit einer anderen Datei

LinkedIn: Soziales Netzwerk

Location-Based-Services: Mobile Dienste, die unter Zuhilfenahme von positionsabhängigen Daten dem Endbenutzer selektive Informationen bereitstellen oder Dienste anderer Art erbringen.

Mayor: Bürgermeister

MDM-Systeme (Master Data Management): Erfasst Reihe von Prozessen, Richtlinien, Standards und Werkzeuge. Definiert und verwaltet konsequent Stammdaten.

Message: Mitteilung, Nachricht

Metaweb: US-amerikanisches Unternehmen mit Sitz in San Francisco, das die Open-Content-Datenbank Freebase entwickelt.

Mikroblogging: Eine Form des Bloggens, bei der die Benutzer kurze, SMS-ähnliche Textnachrichten veröffentlichen können. Die Länge dieser Nachrichten beträgt meist weniger als 200 Zeichen.

Moderation (als Prozess): Moderation zielt darauf ab, die Kreativität der Teilnehmer zu fördern, Ideen allen zugänglich zu machen, gemeinsam zu Ergebnissen und Entscheidungen zu gelangen, die von der ganzen Gruppe im Konsens getragen und umgesetzt werden.

Monitoring: Überbegriff für alle Arten der unmittelbaren systematischen Erfassung, Protokollierung, Beobachtung oder Überwachung eines Vorgangs oder Prozesses.

Network: Netzwerk

Neue Medien: zeitbezogene neue Medientechniken

Newsfeed: über das Web angebotene Nachrichtenströme. News Feeds werden meist in den Formaten RSS oder Atom angeboten. Damit lassen sich Websites, deren Inhalt sich häufig ändert, verfolgen, ohne die Seite unmittelbar besuchen zu müssen.

Newsletter: regelmäßig erscheinendes Informationsblatt, -heft; regelmäßig erscheinender Internetbeitrag o. Ä.

Newsticker: Spalte einer Homepage oder Lauftext auf dem Fernsehbildschirm mit Kurznachrichten, die ständig aktualisiert werden

One-Voice-Policy: Alle benutzten Kommunikationskanäle verbreiten dieselben Botschaften; mit „einer Stimme" sprechen

Peer-to-Peer: Kommunikation unter Gleichen

Pinnwandeintrag: Kommentar auf der Seite eines anderen Nutzers oder auf der eigenen Seite

Point of Interest: Ort von Interesse; Begriff im Zusammenhang mit Navigationssystemen und Routenplanern.

Public Relations: Öffentlichkeitsarbeit, PR

Recruitment: Anwerbung

Reichweite im Internet: Anzahl an Personen, die über das Internet erreicht werden.

Retweeten: Twitter-Eintrag einer anderen Personen über eigenen Account noch einmal veröffentlichen.

ROI (Return on Investment): Weit verbreitete Kennzahl (bzw. Kennzahlensystem), die sich aus Umsatzrentabilität multipliziert mit der Umschlagshäufigkeit des Gesamtkapitals zusammensetzt.

RSS-Feed: Bereitstellung von Inhalten im Format RSS

Seeden: Eine heruntergeladene Datei für andere zur Verfügung stellen.

Semantisches Web: Neues Konzept bei der Weiterentwicklung des World Wide Webs und des Internets: Ziel des Semantischen Webs ist es, die Bedeutung von Informationen für Computer verwertbar zu machen und damit automatisch für die interessierten Nutzer im Zuge einer Abfrage zu ordnen.

SEO (Search Engine Optimization): Suchmaschinenoptimierung; Websites so optimieren, dass sie ein besseres Ranking erzielen.

Sharing: Verteilung, Beteiligung, gemeinsames Austauschen, gemeinsame Benutzung

Shitstorm: Sturm der Entrüstung in einem Kommunikationsmedium des Internets, der zum Teil mit beleidigenden Äußerungen einhergeht.

Social Media: Digitale Medien und Technologien, die es Nutzern möglich machen, sich untereinander auszutauschen und mediale Inhalte einzeln oder in Gemeinschaft zu gestalten.

Social Media Code of Ethics: Richtlinien für den respektvollen Umgang in Social Media

Social-Community-Plattform: Plattform im Internet, auf der sich die Internet-Gemeinschaft austauscht

Social-Media-Kanäle: z.B. Mikroblogs, Podcasts, Soziale Netzwerke

Social-Media-Plattform: siehe Social-Community-Plattform

Soziale Medien: Sammelbegriff für internet-basierte mediale Angebote, die auf sozialer Interaktion und den technischen Möglichkeiten des Web 2.0 basieren. Dabei stehen Kommunikation und der Austausch nutzergenerierter Inhalte im Vordergrund.

Soziale Netzwerke: Ein soziales Netzwerk bzw. Social Network im Internet ist eine lose Verbindung von Menschen in einer Netzgemeinschaft.

Stakeholder: Eine Person oder Gruppe, die ein berechtigtes Interesse am Verlauf oder Ergebnis eines Prozesses oder Projektes hat.

Tagging: Markieren, Kennzeichnen, verschlagworten

Tool: Werkzeug

Tweet: Kurznachricht auf Twitter

Tweeten: Kurznachrichten über das Internet senden und empfangen

Twitter: Soziales Netzwerk

Twitter-Nachrichten: Nachrichten, die auf Twitter verschickt werden

User: Benutzer

Venue: Treffpunkt

Virales Marketing: Marketingform, die soziale Netzwerke und Medien nutzt, um auf ein Produkt oder eine Kampagne aufmerksam zu machen

Virtuell: Nicht echt, nicht in Wirklichkeit vorhanden, aber echt erscheinend

Web 1.0: Beschreibt erste Zeit des Internets, seit dessen Entstehung; statisch, eine Wiederkehr zu einer bestimmten Seite ist nicht nötig, da sich Informationen nicht ändern.

Web 2.0: Nutzer konsumiert nicht nur den Inhalt, er stellt Inhalt selbst zur Verfügung

Weblog: Tagebuchartig geführte, öffentlich zugängliche Webseite, die ständig um Kommentare oder Notizen zu einem bestimmten Thema ergänzt wird. Kurzform: „Blog"

Website: Gesamtheit der hinter einer Adresse stehenden Seiten im World Wide Web; Kurzform: „Site"

Widgets: Kleine Programme, die auf einer Benutzeroberfläche eingebunden werden können, z.B. die Facebook-Likebox.

XING: Soziales Netzwerk

YouTube: Internetportal für Videofilme

QUELLEN

Kapitel 1

Interview: Wie Social Media den Vertrieb verändert
www.vertriebsexperts.de, Michael Ehlers, 2011
http://michael-ehlers.de/uploads/media/M.Ehlers_Vertrieb0111.pdf

Kapitel 2

Exkurs: Wenn ein Shitstorm das Konzern-Image zerstört
http://www.welt.de/wirtschaft/webwelt/article13488539/
Wenn-ein-Shitstorm-das-Konzern-Image-zerstoert.html, Stefan
Beutelsbacher, 15.07.2011

Kapitel 3

Exkurs: Social Media gewinnt für Technologie-Unternehmen
an Bedeutung – Eurocom Worldwide Umfrage
http://www.presseportal.de/pm/100887/2034144/social-
media-gewinnt-fuer-technologie-unternehmen-an-bedeu-
tung-eurocom-worldwide-umfrage, 28.04.2011

Kapitel 5

Exkurs: Immer mehr Geschäftsführer erkennen den Wert von
Social Media
http://www.futurebiz.de/artikel/immer-mehr-geschaftsfuhrer-
erkennen-den-wert-von-social-media/, Jan Firsching, 06.07.2011

Kapitel 6
Exkurs: Eine Geldkuh namens XING
http://www.manager-magazin.de/unternehmen/it/0,2828,
764776,00.html, Kristian Klooß, 25.05.2011

Kapitel 8
Exkurs: Virale Videos als Verbraucherwaffe
Sonja Peteranderl, 03.01.2011

Kapitel 10
Exkurs: Google+: Wer braucht noch XING und LinkedIn?
http://lumma.de/2011/07/25/google-wer-braucht-noch-xing-
und-linkedin/, Nico Lumma, 25.07.2011
Exkurs: Das Duell: Facebook vs. Google+
http://www.chip.de/artikel/Facebook-vs.-Google-im-Ver-
gleich_53136459.html, Claudio Müller, 02.12.2011
Exkurs: Attacke auf sozialer Ebene
http://www.internetworld.de/Nachrichten/Medien/Social-
Media/Google-schraubt-am-eigenen-Facebook-Angriff-auf-
sozialer-Ebene, Sonja Kroll, 29.06.2011

Kapitel 12
Exkurs: In den Kunden reinhören: Zum Nutzen der Medienbeobachtung im Vertrieb
http://www.vertriebs-experts.de/index.cfm/In_den_Kunden_
reinhoeren:_Zum_Nutzen_der_Medienbeobachtung_im_Ver-
trieb/:var:site:content:contentID:23753, Michael Ehlers,
21.09.2012

Kapitel 13

Grafik: Das deutsche Social Web in Zahlen (Q2/2011)
www.socialmedia-blog.de, Daniel Hoffmann, 10.05.2011
Interview mit Mike Schnoor, Referent Presse- und Öffentlichkeitsarbeit im Bundesverband Digitale Wirtschaft (BVDW)
e.V.; Interview geführt von Institut Michael Ehlers
Exkurs: Neun Mythen über Social Media
http://off-the-record.de/2011/06/21/neun-mythen-ueber
-social-media/, Olaf Kolbrück, 21.06.2011
Exkurs: Data Mining: Der nächste große Trend im Social Media Marketing?
http://trickr.de/data-mining-der-nachste-grose-trend-im
-social-media-marketing/, Vianova-Company, Salima Richard,
28.02.2011
Exkurs: Social Media auf dem Weg zur Professionalisierung
http://blog.talkabout.de/2011/02/20/social-media-auf-dem-
weg-zur-professionalisierung/, Mirko Lange, 20.02.2011
Grafik: Der Social Media Wertschöpfungskreis
www.blog.talkabout.de, Mirko Lange, 20.02.2011

Kapitel 14

Exkurs: Social Sharing: Wissen, wie LIKES wirken
Marco Ripanti, Spreadly

Illustrationen Kapitel 1-14: Franz Hoegl,
alle Rechte beim Autor, Michael Ehlers

Liebe Leserinnen und Leser,

Social Media spaltet die Lager in diejenigen, die längst vertraut damit sind und die, die noch eine gewisse Skepsis gegenüber dieser Thematik hegen und sich in diese Entwicklung unserer Zeit erst noch besser einfinden müssen.

Zu welcher Gruppe Sie auch gehören, hoffe ich, als Autor dieses Buches, dass ich Sie damit erreichen konnte.

Vielleicht dachten Sie an mancher Stelle „Von der Seite habe ich das ja noch gar nicht betrachtet" oder „Stimmt, genau so ist es!". Möglicherweise habe ich Ihr Wissen vertiefen oder neue Erkenntnisse liefern können.

Bestenfalls hat die Lektüre dieses Buches bei Ihnen aber auch den Wunsch ausgelöst, sich noch intensiver mit Social Media zu befassen.

Die Möglichkeit hierzu bieten meine Seminare, die genau an das Buch anknüpfen.

Meine Seminare werden Sie Schritt für Schritt noch weiter in die Welt der Social Media führen – in einen Trend, der weltweit die Kommunikation bereits verändert hat und sie auch in Zukunft noch maßgeblich beeinflussen wird.

Sie erarbeiten sich Ihre eigenen Internetprofile und erfahren, wie Sie gezielt vermitteln, was Sie transportieren wollen und was Sie für Ihre Zielgruppe interessant macht. Inklusive Shooting Ihres idealen Profilfotos.

Nehmen Sie gerne Kontakt mit mir auf, wenn Sie sich wünschen, den Umgang mit den Werkzeugen der Social Media zu profes-

sionalisieren, um noch gezielter, produktiver und effektiver über diese Medien kommunizieren zu können.

Herzliche Grüße

Ihr

Michael Ehlers